U0270501

国家出版基金项目
NATIONAL PUBLICATION FOUNDATION

大飞机出版工程
总主编 顾诵芬

民用航空器噪声合格审定概论

An Introduction to Noise Certification of Civil Aircraft

金奕山 编著

上海交通大学出版社
SHANGHAI JIAO TONG UNIVERSITY PRESS

内容提要

本书主要阐述航空器噪声的基础知识、航空器噪声合格审定标准以及各类型航空器的噪声合格审定程序。全书共 10 章,第 1 章和第 2 章介绍了噪声和噪声传播的物理特性,以及噪声评价的度量。第 3 章介绍了航空器的噪声源。第 4 章和第 5 章分别介绍了航空器的噪声标准和噪声合格审定的一般程序和要求。第 6 章到第 9 章介绍了各类型航空器噪声合格审定试验,以及噪声数据的处理和修正。第 10 章主要介绍了衍生性航空器噪声合格审定中使用的静态发动机噪声试验方法。

本书可供相关专业的航空器适航审定人员以及航空工业内从事民用飞机设计、研究和制造的工程技术人员参考。

图书在版编目(CIP)数据

民用航空器噪声合格审定概论/金奕山编著. —上海:上海交通大学出版社,2013

(大飞机出版工程. 适航系列)

ISBN 978-7-313-10296-6

Ⅰ.①民… Ⅱ.①金… Ⅲ.①民用飞机-飞机噪声-研究 Ⅳ.①V215.5

中国版本图书馆 CIP 数据核字(2013)第 210707 号

民用航空器噪声合格审定概论

编　　著:金奕山	
出版发行:上海交通大学出版社	地　　址:上海市番禺路 951 号
邮政编码:200030	电　　话:021-64071208
出 版 人:韩建民	
印　　制:浙江云广印业有限公司	经　　销:全国新华书店
开　　本:787mm×1092mm　1/16	印　　张:9
字　　数:171 千字	
版　　次:2013 年 10 月第 1 版	印　　次:2013 年 10 月第 1 次印刷
书　　号:ISBN 978-7-313-10296-6/V	
定　　价:48.00 元	

版权所有　侵权必究

告读者:如发现本书有印装质量问题请与印刷厂质量科联系

联系电话:0573-86577317

大飞机出版工程

丛书编委会

总主编

顾诵芬（中国航空工业集团公司科技委副主任、两院院士）

副总主编

金壮龙（中国商用飞机有限责任公司董事长）

马德秀（上海交通大学党委书记、教授）

编　委(按姓氏笔画排序)

王礼恒（中国航天科技集团公司科技委主任、院士）

王宗光（上海交通大学原党委书记、教授）

刘　洪（上海交通大学航空航天学院教授）

许金泉（上海交通大学船舶海洋与建筑工程学院工程力学系主任、教授）

杨育中（中国航空工业集团公司原副总经理、研究员）

吴光辉（中国商用飞机有限责任公司副总经理、总设计师、研究员）

汪　海（上海交通大学航空航天学院副院长、研究员）

沈元康（中国民用航空局原副局长、研究员）

陈　刚（上海交通大学副校长、教授）

陈迎春（中国商用飞机有限责任公司常务副总设计师、研究员）

林忠钦（上海交通大学常务副校长、院士）

金兴明（上海市经济与信息化委副主任、研究员）

金德琨（中国航空工业集团公司科技委委员、研究员）

崔德刚（中国航空工业集团公司科技委委员、研究员）

敬忠良（上海交通大学航空航天学院常务副院长、教授）

傅　山（上海交通大学航空航天学院研究员）

适航系列编委会

名誉主编

沈元康（中国民用航空局原副局长）

顾　问

张红鹰（中国民用航空局总工程师）

罗荣怀（中国商用飞机有限责任公司副总经理）

吴光辉（中国商用飞机有限责任公司副总经理）

王　中（中国民用航空局原适航司司长）

主　编

赵越让（中国商用飞机有限责任公司适航管理部部长）

副主编

沈小明（中国民用航空局上海航空器适航审定中心主任）

编　委

吴兴世（中国商用飞机有限责任公司研究员）

白　杰（中国民航大学副校长、教授）

姜丽萍（中国商飞上海飞机制造有限公司总工程师）

马小骏（中国商飞上海飞机客户服务有限公司副总经理）

曾海军（中航商用飞机发动机公司副总经理）

欧旭坡（中国民用航空局上海航空器适航审定中心副主任）

黎先平（中国商用飞机有限责任公司型号副总设计师）

修忠信（中国商用飞机有限责任公司型号副总设计师）

褚静华（中国商用飞机有限责任公司总部项目适航处处长）

郝　莲（中国商用飞机有限责任公司适航工程中心主任）

丘　弢（中国民用航空局西北地区管理局适航审定处处长）

成　伟（中国民用航空局东北地区管理局适航审定处副处长）

路　遥（中国民航科学技术研究院航空器适航研究所所长）

钱仲焱（中国商用飞机有限责任公司适航工程中心副主任）

傅　山（上海交通大学航空航天学院研究员）

余红旭（中国商用飞机有限责任公司总装制造中心适航管理部部长）

总　　序

　　国务院在 2007 年 2 月底批准了大型飞机研制重大科技专项正式立项，得到全国上下各方面的关注。"大型飞机"工程项目作为创新型国家的标志工程重新燃起我们国家和人民共同承载着"航空报国梦"的巨大热情。对于所有从事航空事业的工作者，这是历史赋予的使命和挑战。

　　1903 年 12 月 17 日，美国莱特兄弟制作的世界第一架有动力、可操纵、比重大于空气的载人飞行器试飞成功，标志着人类飞行的梦想变成了现实。飞机作为 20 世纪最重大的科技成果之一，是人类科技创新能力与工业化生产形式相结合的产物，也是现代科学技术的集大成者。军事和民生对飞机的需求促进了飞机迅速而不间断的发展和应用，体现了当代科学技术的最新成果；而航空领域的持续探索和不断创新，为诸多学科的发展和相关技术的突破提供了强劲动力。航空工业已经成为知识密集、技术密集、高附加值、低消耗的产业。

　　从大型飞机工程项目开始论证到确定为《国家中长期科学和技术发展规划纲要》的十六个重大专项之一，直至立项通过，不仅使全国上下重视起我国自主航空事业，而且使我们的人民、政府理解了我国航空事业半个世纪发展的艰辛和成绩。大型飞机重大专项正式立项和启动使我们的民用航空进入新纪元。经过 50 多年的风雨历程，当今中国的航空工业已经步入了科学、理性的发展轨道。大型客机项目其产业链长、辐射面宽、对国家综合实力带动性强，在国民经济发展和科学技术进步中发挥着重要作用，我国的航空工业迎来了新的发展机遇。

　　大型飞机的研制承载着中国几代航空人的梦想，在 2016 年造出与波音 B737 和空客 A320 改进型一样先进的"国产大飞机"已经成为每个航空人心中奋斗的目标。然而,大型飞机覆盖了机械、电子、材料、冶金、仪器仪表、化工等几乎所有工业门类,集成了数学、空气动力学、材料学、人机工程学、自动控制学等多种学科,是一个复杂的科技创新系统。为了迎接新形势下理论、技术和工程等方面的严峻挑战,迫切需要引入、借鉴国外的优秀出版物和数据资料,总结、巩固我们的经验和成果,编著一套以"大飞机"为主题的丛书,借以推动服务"大型飞机"作为推动服务整个航空科学的切入点,同时对于促进我国航空事业的发展和加快航空紧缺人才的培养,具有十分重要的现实意义和深远的历史意义。

2008 年 5 月,中国商用飞机有限公司成立之初,上海交通大学出版社就开始酝酿"大飞机出版工程",这是一项非常适合"大飞机"研制工作时宜的事业。新中国第一位飞机设计宗师——徐舜寿同志在领导我们研制中国第一架喷气式歼击教练机——歼教 1 时,亲自撰写了《飞机性能捷算法》,及时编译了第一部《英汉航空工程名词字典》,翻译出版了《飞机构造学》、《飞机强度学》,从理论上保证了我们飞机研制工作。我本人作为航空事业发展 50 年的见证人,欣然接受了上海交通大学出版社的邀请担任该丛书的主编,希望为我国的"大型飞机"研制发展出一份力。出版社同时也邀请了王礼恒院士、金德琨研究员、吴光辉总设计师、陈迎春副总设计师等航空领域专家撰写专著、精选书目,承担翻译、审校等工作,以确保这套"大飞机"丛书具有高品质和重大的社会价值,为我国的大飞机研制以及学科发展提供参考和智力支持。

编著这套丛书,一是总结整理 50 多年来航空科学技术的重要成果及宝贵经验;二是优化航空专业技术教材体系,为飞机设计技术人员培养提供一套系统、全面的教科书,满足人才培养对教材的迫切需求;三是为大飞机研制提供有力的技术保障;四是将许多专家、教授、学者广博的学识见解和丰富的实践经验总结继承下来,旨在从系统性、完整性和实用性角度出发,把丰富的实践经验进一步理论化、科学化,形成具有我国特色的"大飞机"理论与实践相结合的知识体系。

"大飞机"丛书主要涵盖了总体气动、航空发动机、结构强度、航电、制造等专业方向,知识领域覆盖我国国产大飞机的关键技术。图书类别分为译著、专著、教材、工具书等几个模块;其内容既包括领域内专家们最先进的理论方法和技术成果,也包括来自飞机设计第一线的理论和实践成果。如：2009 年出版的荷兰原福克飞机公司总师撰写的 *Aerodynamic Design of Transport Aircraft*（《运输类飞机的空气动力设计》），由美国堪萨斯大学 2008 年出版的 *Aircraft Propulsion*（《飞机推进》）等国外最新科技的结晶；国内《民用飞机总体设计》等总体阐述之作和《涡量动力学》、《民用飞机气动设计》等专业细分的著作；也有《民机设计 1000 问》、《英汉航空双向词典》等工具类图书。

　　该套图书得到国家出版基金资助，体现了国家对"大型飞机项目"以及"大飞机出版工程"这套丛书的高度重视。这套丛书承担着记载与弘扬科技成就、积累和传播科技知识的使命，凝结了国内外航空领域专业人士的智慧和成果，具有较强的系统性、完整性、实用性和技术前瞻性，既可作为实际工作指导用书，亦可作为相关专业人员的学习参考用书。期望这套丛书能够有益于航空领域里人才的培养，有益于航空工业的发展，有益于大飞机的成功研制。同时，希望能为大飞机工程吸引更多的读者来关心航空、支持航空和热爱航空，并投身于中国航空事业做出一点贡献。

2009 年 12 月 15 日

序　一

　　发展国产大型客机是党中央、国务院在 21 世纪作出的具有重要战略意义的决策。"民机发展，适航先行"，是民用航空事业的基本理念。适航是国产大型客机获得商业成功、走向国际市场的法定前提和重要保证。

　　众所周知，第二次世界大战结束后，世界航空工业的两个超级大国——美国和苏联，分别成功制造了大型飞机波音 707 飞机和图-154 飞机，并投入民用航空运输领域。经过数十年的市场选择，最后的结果值得我们深思。目前，世界大型民机市场几乎完全由美国波音和欧洲空客两大航空巨头垄断，而辉煌一时的苏联民用运输机在市场上所占的份额不足 0.5%。造成这种结果的最重要因素，就是它的飞机安全性没有完全保证；同时，其保障安全性的适航体系也没有完全建立和全面实施。

　　美国高度重视适航体系的建立和发展。早在 1926 年商务部就成立了航空司，并颁发第 7 号航空通报，对飞行员、航图、导航和适航标准进行管理。1934 年，航空司更名为航空局。从 1934 年到 1958 年相继制定并颁发了民用航空规章（CAR）如 CAR04（飞机适航要求）、CAM04（要求和解释材料）、CAR03（小飞机）、CAR06（旋翼机）、CAR04a-1（TSO）、CAR7（运输类旋翼飞机）等。

　　1958 年，航空局更名为联邦航空局（FAA），被赋予制定和监督实施美国航空规章（FAR）的职责。FAA 归属交通运输部，但局长由总统直接任命。

　　波音 707 飞机于 1958 年获得 FAA 型号合格证，获得了适航批准。在美国严格的审定标准和审定程序下，该飞机具有良好的安全性和市场表现，先后共交付 1010 架，被誉为商用民航客机的典范。美国的适航体系和概念也得到了世界上绝大多数国家的认可。

　　苏联图-154 飞机却命运多舛。该飞机于 1966 年开始设计，苏联当时没有构成体系的民用飞机适航标准和主要参考强度规范等。虽然苏联民用飞机和直升机适航标准联合委员会于 1967 年制订了《苏联民用飞机适航标准》，该标准涵盖了运输类飞机、直升机、发动机和螺旋桨等各种航空产品,但适航要求不够详细和完善。1972年,图-154获得苏联民用航空部运送乘客许可并投入运行。该飞机虽然生产了900余架,但却发生了56次重大事故,最终没能在国际主流民机市场获得认可。

欧洲空中客车公司在国际民机市场的崛起,从另一个侧面说明了强有力的适航管理能力是大型客机成功的关键因素之一。欧洲为了在国际民机市场上和美国分庭抗礼,于1990年成立联合航空局(JAA),大力加强适航审定体系和适航管理能力建设,为空中客车公司后来居上进而在国际大型民机市场与波音公司平分秋色,起到了支撑和保障作用。

纵观欧美和苏联的运输类飞机发展历程可以发现,民机型号的发展不仅需要先进的航空工业基础,更重要的是要有国际认可的安全性——适航性。

当前,在国家政策指引下,中国航空业呈现跨越式发展。ARJ21-700新支线飞机、215直升机、MA600螺旋桨飞机、Y12F轻型多用途飞机、N5B农用飞机、H0300水陆两栖飞机、L7初级教练机、28F直升机、Y8F-600飞机等型号陆续开展研制工作。2009年12月16日,大型客机C919基本总体技术方案经过评审并获得通过,转入初步设计阶段;2010年向中国民航局提交大型客机取证申请,预计大型客机争取在2014年首飞,2016年交付客户使用。

面对正在开展的支线飞机和大型客机适航审定工作,我国的适航管理面临着新的严峻的挑战,突出表现为两个主要矛盾:一是国际审定技术快速发展与我国适航审定能力相对滞后的矛盾,尽管我们采用"影子审查"的中美两国政府合作方式来弥补;二是国内民用航空工业的快速发展与有限的适航符合性基础能力的矛盾。

现实迫切需要引入、借鉴国外的优秀出版物和数据资料,同时总结、巩固我国30年的实践经验和科研成果,编著一套以"民用飞机适航"为主题的丛书,这对于促进我国适航管理技术的发展和加快适航紧缺人才的培养,具有十分重要的现实意义和深远的历史意义。

与适航事业结缘近30年,并见证了中国适航发展变迁,我怀着继续为中国适航管理竭尽绵薄之力的愿望,欣然接受了上海交通大学出版社的邀请,担任"民用飞机适航"丛书的名誉主编。出版社同时邀请了中国民用航空局张红鹰总工程师、中商飞吴光辉总设计师和原民航局适航司副司长赵越让等适航专家撰写专著、精选书目,承担翻译、审校等工作,以确保这套丛书具有高品质和重大的社会价值,为我国的大飞机研制以及适航技术的发展提供参考和智力支持。

这套丛书主要涵盖了适航理念与原则、机载软件适航、试飞、安全可靠性、金属材料与非金属材料等专业方向,知识领域覆盖我国国产大飞机适航的关键技术,内容既包括适航领域专家们最先进的理论方法和技术成果,也包括来自工艺部门进行适航符合性验证的理论和实践成果。

该套图书得到国家出版基金资助,体现了国家对"大型飞机项目"以及"民用飞机适航出版工程"的高度重视。这套丛书承担着记录与弘扬科技成就、积累和传播科技知识的使命,凝结了国内外民机适航领域专业人士的智慧和成果,具有较强的系统性、完整性、实用性和技术前瞻性,既可作为实际工作指导用书,也可作为相关专业人员的学习参考用书。期望这套丛书能够有益于民用航空领域里适航人才的培养,有益于国内适航法规的完善、有益于国内适航技术的发展,有益于大飞机的成功研制。同时吸引更多的读者重视适航、关心适航、支持适航,为国产大型客机的商业成功做出贡献。

最后,我们衷心感谢中商飞、上海交通大学出版社和参与编写、编译、审校的专家们以及热心于适航教育的有识之士做出的各种努力。

由于国内外专家们的背景、经历和实践等差异,有些观点和认识不尽相同,但本着"仁者见仁,智者见智","百花齐放,百家争鸣"的精神,给读者以研究、思考的广阔空间,也诸多裨益。当然,不同认识必将在未来的实践检验中得到统一和认可。这也是我们出版界伟大的社会责任。我们期望的事业也就蓬勃发展了。大家努力吧!

2013 年 4 月 20 日

序　二

　　2012 年 7 月 8 日,国务院出台了《国务院关于促进民航业发展的若干意见》。其中明确提出"积极支持国产民机制造",包括加强适航的审定和航空器的适航评审能力建设,健全适航审定组织体系,积极为大飞机战略服务,积极拓展中美、中欧等双边适航范围,提高适航审定国际合作水平。2013 年 1 月 14 日,国务院办公厅以国办函[2013]4 号文件下发了《促进民航业发展重点工作分工方案的通知》,要求有关部门认真贯彻落实《国务院关于促进民航业发展的若干意见》精神,将涉及本部门的工作进行分解和细化,并抓紧制订出具体落实措施。由此可见,适航和适航审定能力建设已上升为国家民航强国战略、国产大飞机战略的有效组成部分。

　　适航是民用飞机进入市场的门槛,代表了公众对民用飞机安全的认可,也是民用飞机设计的固有属性。尽管相比国外,我国的适航管理起步较晚,1987 年国务院才颁布《中华人民共和国民用航空器的适航管理条例》,但是我们一开始在适航标准的选用上就坚持了高标准并确定了与欧美国家接轨的道路,几十年国际民用飞机的发展和经验已充分证明我国适航管理道路的正确性和必要性,对于国家的大飞机战略,我们仍将坚持和选择这样的道路,只有这样,才能确保我国从民航大国走向民航强国,形成有国际竞争力的民用飞机产业。

　　飞机已经诞生 110 年了,国外先进的民机发展历史也有七八十年,我国民机发展历史较短,目前还无真正意义上按 25 部适航标准要求取得型号合格证的产品出现,但可喜的是从中央到企业,从民航到工业界,业界领导和专家将适航及适航能力的突破作为国产民用飞机产业发展的基础和前提,达成了共识。专家、学者、工程师和适航工作者全面探索和开辟了符合中国国情的适航成功道路的研究及实践,并直接应用到 C919 等型号研制中。我很高兴地看到上海交通大学出版社面向大飞机项目的适航技术提高和专业适航人才的培养,适时推出"民用飞机适航出版工程"系列丛书,引入、借鉴国外的优秀出版物,总结并探索我国民机发展适航技术的实践经验及工程实践道路,直接呼应了国家重大任务,应对了民机产业发展,这无疑具有十分重要的现实意义和深远的历史意义。

张红鹰

2013 年 7 月 20 日

著者简介

金奕山,男,1971年5月出生,吉林省长春市人,北京航空航天大学博士。现任中国民航科学技术研究院航空器适航研究所高级工程师,主要承担航空器、发动机和螺旋桨的适航审定,适航规章的编写和制定,以及适航审定技术的研究工作。主持完成了中国民用航空总局科技项目"航空器噪声合格审定政策和适航验证技术研究","航空器型号和适航合格审定噪声规定"(CCAR-36)的修订及相应的咨询通告AC-36-AA-2008-04的编写等相关课题研究,参与"运输类飞机适航标准"(CCAR-25)等多部适航规章、程序的编写工作。担任ARJ21-700国产新支线飞机飞行性能专业组噪声审查代表,以及海鸥300水陆两栖飞机型号合格审定委员会秘书和噪声审查代表。

前　　言

　　随着科技的进步和公众环境保护意识的日益增强,环境污染已成为世界各国关注的焦点,环境保护也成为现代社会问题的热点。与其他技术进步一样,百年航空的发展,在给人们带来方便、快捷的同时,也给环境造成了巨大的影响。这主要体现在航空器的噪声和发动机的排放两个方面。

　　在20世纪60年代初期,随着喷气发动机成功地进入商业运输领域,航空器噪声就成为一个实质性的问题。由于早期喷气式飞机的发动机都是从军用飞机上移植过来的,因此噪声非常巨大,是社区内最大的噪声源之一。此外,航空器数量的快速增长也引起人们对其噪声的关注。强大的噪声和运行频率引起了机场周边公众强烈的反应。1960年代中期,受噪声影响巨大的国家进行政府间的对话,最终提出噪声合格审定的概念。噪声合格审定是指航空器进入商业服务前,在满足安全标准的同时,还必须满足相应的噪声标准。1969年美国联邦航空局颁布了航空器型号和适航合格审定噪声标准(14 CFR 36)。国际民航组织(ICAO)也在1971年颁布了《国际民用航空公约》附件16,规定了民用航空器的噪声要求。20世纪70年代后期开始,噪声审定的要求越来越严格,应用范围也越来越广。现在所有的新民用航空器,都必须满足相应的噪声要求。

　　环境污染对人类和人类社会的危害是长期的,通过法律法规对航空器和发动机的设计、制造进行规定,是有效控制和缓解航空活动对环境造成污染的根本手段。我国是一个发展中的大国,航空运输潜力极大,客货运输量逐年递增,民族航空工业也迅猛发展,亟须对飞机噪声和发动机排放问题增加了解,建立完备的型号环保要求的合格审定程序和手段,以便适应航空运输业不断扩大对环境保护的要求。

　　虽然我国的民用航空事业起步较晚,但是发展很快。近年来,随着我国航空工业和航空运输业的发展,以及人们的环保意识日益增强,飞机噪声对居民的影响问题日益突出,国产民机型号噪声合格审定的需求也是迫在眉睫。

　　本书着眼于航空器噪声问题，结合作者对国内外相关适航规章、咨询通告、技术手册的研究成果，以及近年来型号合格审定的工作经验，紧紧围绕民用航空器噪声的合格审定要求，从相关基本知识出发，力求深入浅出地阐述环境保护要求符合性验证的主要技术要求、符合性方法及试验程序等，从新的角度对规章进行解读，供相关专业的适航审定人员以及航空工业内从事民用飞机设计、研究和制造的工程技术人员参考。

　　由于本书内容所涉及的专业知识和领域众多，加之作者的经验有限，书中存在的疏漏之处，欢迎读者批评指正。

目　　录

绪 论

　　大多数的技术进步都伴随着不同程度的对安全和环境的影响。在交通运输领域中最著名的就是蒸汽机车和内燃机的应用。公众的安全是首先要考虑的因素,但其产生的污染和噪声可能会在很长的时间内危害人类。虽然时间已经证明了这些,但是人们早已经习惯了,同时充分开发和利用了更广泛的运输方式,比如航空运输。实际上,如果没有这些快速、可靠、多样的运输形式,人们的生活品质就会大大下降。航空运输在今天已经缩短了空间的距离,大型客机往返穿梭于国家、城市之间,满足了商业界和旅行者的需要,同时也有力地促进了世界市场的形成。

　　噪声,作为环境问题自有人类活动以来就一直困扰着人们。在 20 世纪 60 年代初期,随着喷气发动机成功地进入商业运输领域,航空器噪声就成为一个干扰人们生活和工作环境的实质性社会问题。

　　第二次世界大战以后,在 1952 年 5 月彗星(Comet)发动机投入航线运行之前,螺旋桨飞机是唯一的航空运输形式。到了 20 世纪 50 年代末,波音 707 和道格拉斯 DC8 飞机问世。远程航线的成功导致开发者将喷气发动机用于中短航程飞机,在航线上陆续出现了如欧洲的快帆(Caravelle)、美国的 DC9、波音 727 和 737 等双发和三发飞机。到了 20 世纪 60 年代末,有超过 2000 架喷气式飞机在航线上运行,在总数、客运量和飞行距离上都超过了大型螺旋桨飞机机队。同时,商业的发展要求更多的喷气飞机投入运行。目前,全球客机总数已经超过 1.5 万架,据空客公司预计,20 年后全球客机总数将会翻倍,达到 3.2 万架。

　　飞机的噪声引发了严重的社会和环境问题。早期的喷气发动机都是从军用飞机上移植过来的,噪声非常大,是除了工地、摩托车和紧急警报之外,社区内最大的噪声源。飞机数量的快速增长也引起人们对噪声的关注。噪声和运行频率引起了机场周边的公众反应。结果,在 20 世纪 60 年代早期,某些机场被迫建立局部噪声限值,不允许起降的飞机超过该值,并且在机场周边和社区内安装了噪声监测系统。某些情况下,不能满足噪声限制要求的长航程运行被迫先轻重量起飞,以增加爬升性能,快速爬升远离社区,然后在偏远的中继机场再加满完成运行所需的燃油继续飞行。另外,机场噪声还可以通过其他的局部措施进行控制,如宵禁、白天分时段规定噪声标准、征收噪声超标的附加费、土地使用规划等,但这些都不是根本的解决办法。最终的办法就是报废老旧的高噪声飞机,并在新型号飞机的噪声控制上尽最大努力。

随着喷气式飞机在短航线上运营的迅速发展，人们要求在更宽的范围内采取措施。在20世纪60年代中期，由于飞机噪声在美国引起大量的投诉案件，在欧洲也出现城市公众的强烈抗议活动，政府不得不开始采取积极的行动。1966年，受噪声影响巨大的国家的政府进行对话，提出噪声合格审定的概念，并在伦敦的国际会议上签署通过"审定"对制造厂的产品加以控制的构想。美国联邦航空局(FAA)随即开始考虑建立一个噪声审定制度的实体机构。1969年在国际民航组织(ICAO)的主持下，召开了有美、英、法等主要航运国家参加的国际会议，并成立了ICAO的飞机噪声委员会(CAN)，负责处理世界范围内逐步升级的机场噪声问题。1971年美国国会通过了联邦航空规章14 CFR 36部(原FAR 36部)，要求新设计的飞机都要符合该部规章的规定，并且作为进一步颁发型号合格证的条件。而这一时期比较安静的高涵道比涡扇发动机开始登上舞台，工业界满足噪声合格审定的要求不再是一个沉重的负担。

噪声合格审定是指航空器制造厂在其产品进入商业服务前，满足安全标准的同时，还必须表明满足噪声标准的过程。噪声合格审定的主要影响是在20世纪70年代后期，噪声的要求越来越严格，应用范围也越来越广。现在所有新的民用航空器，不管其类型、大小、重量或发动机设计，都必须满足制造国及大多数签署国际民航组织(ICAO)1949年芝加哥公约的国家的噪声要求。这些噪声合格审定要求(为了控制源噪声)成为一系列运行限制的补充。这些限制也引起许多老型号的航空器，如DC8，B707、老的Caravelle的早期转让和退役。所有这一切的目的是为了得到一个安静的环境，但是对航空运输业来说，成本就要大大增加。

由此，各国政府开始纷纷制定各自的飞机噪声规则，实施对飞机噪声级的严格控制。

我国的民用航空事业起步较晚，相应适航规章体系的建立也落后于航空发达国家。2002年3月20日，中国民用航空总局参考ICAO附件16第Ⅰ卷和14 CFR 36部，并结合我国的实际情况正式出台了中国民用航空规章第36部(CCAR-36)，作为我国民机研制的噪声合格审定标准。后来，在2007年4月15日对该部规章进行了第一次修订，保持航空器噪声的审定要求与国际标准相一致。此前的国产Y7，Y8等老型号飞机没有经过噪声审定，而目前大多使用的国外航空器，也都是通过型号认可审定其噪声水平。

近年来，随着我国航空工业和航空运输业的发展，以及人们的环保意识日益增强，飞机噪声对居民的影响问题日益突出。另外，越来越多的国产航空器出口国外，一些进口国向我国适航当局提出了航空器噪声合格审定的要求。同时，随着国家"十一五"重点项目"国产新支线客机ARJ21"的展开，以及C919项目的起动，航空器噪声合格审定被提到议事日程上来。到目前为止，我国只有Y12飞机在FAA的参与下完成了噪声合格审定。而MA60飞机作为大型运输类飞机，虽然在2006年

9月完成了首例噪声合格审定的飞行试验和噪声测量,但也反映出很多存在的问题。根本原因是由于局方和申请人都缺乏噪声合格审定的实践经验,同时没有相关的实用程序。

本书着眼于航空器噪声的基本知识、规章条例和合格审定程序,从相关基本知识出发,深入浅出地阐述了航空器噪声符合性验证的主要技术要求、符合性方法及试验程序,力求从新的角度对规章进行解读,为相关专业的适航审定人员以及航空工业内从事民用飞机设计、研究和制造的工程技术人员提供参考。

由于 CCAR-36 所采用的航空器噪声标准和评定方法与 ICAO 附件 16 和 FAA 的 14 CFR 36 是一致的,因此,除非特别注明,本书提及规章内容和要求时,均指 CCAR-36 的内容和要求,简称为 36 部。

第1章　噪声和噪声传播的物理特性

　　"噪声"是人们对不想要或者不喜欢的声音的通常说法。声是一种物理现象,通过人类的听觉被人感知。从本质上说声是气体、液体或固体弹性介质的机械振动,由行进的声波通过介质从声源将声能传输出去。当一个物体移动或振动时,损失在周围介质中的一小部分能量就成为声音了。

1.1　声功率、声强和声压

　　声源每秒钟发出的能量称为声功率,单位是 W(瓦)。任何声源都有声功率的特性,它是声输出的基本量度,与周围的环境无关。声功率是声源唯一的基本物理特性,在广泛地评价和比较声源时,是一个重要的绝对参量。

　　声强(I)是单位时间内,在声场中通过垂直于传播方向的单位面积的能量,单位是 W/m²(瓦/平方米)。声强是一个矢量,既有大小,又有方向。

　　声压(p)是声波通过某种介质时,由振动所产生的压强改变量。就声波在空气中传播而言,空气的疏密程度会随声波而改变,这样,空气的压强也会随之变化,即在原有大气压的基础上又产生一个随声波变化的交变压强,这个交变的压强即为声压。声压的单位是 N/m²(牛顿/平方米),即 Pa(帕斯卡)。

　　声波仅来自于声源方向的自由场,声强和声压有如下关系:

$$I = \frac{p^2}{\rho c}$$

式中:ρc 称为介质对声波的特性阻抗,ρ 为介质密度,c 为声传播速度。

　　声压和声强都可通过适当的仪器直接进行测量,但因为人耳对声压比较敏感,所以在评估噪声源的危害性和烦扰性时,用到的主要参数是声压。而声强则主要用于声源的定位和确定声源的等级。

1.2　分贝和频率

　　人耳可感知的声压范围非常宽,普通人所能听到的最低声压约为 $20\,\mu\mathrm{Pa}$,称为听阈,已经作为声级测量的一个基准。标度的另一端为痛阈,产生疼痛的声压级(Sound Pressure Level, SPL)约为 $100\,\mathrm{Pa}$。痛阈与听阈的比值大于 $10^6 : 1$。因此在声压测量时,直接使用线性标度,数值会很大,使用起来很不方便。此外,人耳对声音刺激的响应并不是线性的,而是对数的。为此,用测量值与标准值比值的对数作为声学参数更为实际。这个比值称为"贝",是一种"级"的单位,即表示该量值比某一预先规定的基准值高出一定量级。但是在实用中这个单位太大、太粗略了,通常使用它的十分之一,即 dB"分贝"为单位。相应的,我们可以用对数坐标下的声压级来表达一个声场的量值:

$$L_p = 10 \log \left(\frac{p}{p_0}\right)^2 = 20 \log \frac{p}{p_0}$$

式中:p 为被测声压,p_0 为基准声压,$20\,\mu\text{Pa}$。

使用分贝就可以把 $10^6:1$ 的声压动态范围转化为从听阈的 0 dB 至痛阈的 130 dB 范围,易于处理,也便于使用。图 1-1 是普通声音的声压和声压级的对比。

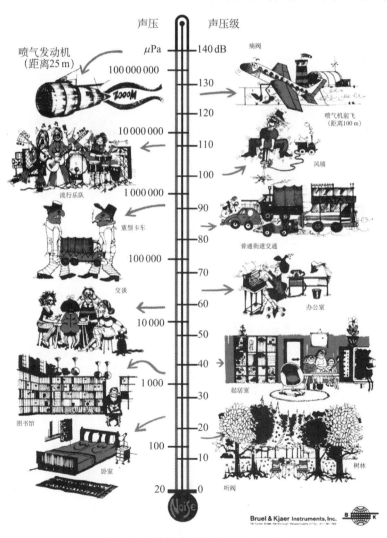

图 1-1　普通声音的声压和声压级

需要注意的是由于分贝(dB)是对数单位,声压级不能直接地进行普通的加减运算。比如,两个独立的相同的噪声源叠加的结果比单个声源声压级提高 3 dB。通常,不同声压级叠加的总声压级(Overall Sound Pressurel Level, OASPL)可通过将每一个独立声源的声压级转换为实际的声压,相加后再转换为分贝值(声压级)。我们也可以利用曲线简单地查出叠加后的声压级。图 1-2 是声压级"分贝相加"修正曲线。从曲线上可以看出,如果两个声源的声压级相差 10 dB 以上,则增加量可以忽略不计。

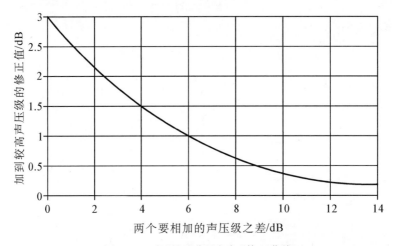

图 1-2　声压级"分贝相加"修正曲线

同样,在很多情况下,由于存在背景噪声,被测对象的噪声级无法直接测定,只能测到它们合成的总声压级。这时,被测对象的声压级可以从测得的总声压级中减去背景噪声级得出。图 1-3 是声压级"分贝相减"修正曲线。从曲线上可以看出,如果声压级相差小于 3 dB,则背景噪声太高而无法获得被测对象的声压级;反过来,如果声压级相差 10 dB 以上,则背景噪声的影响可以忽略不计。

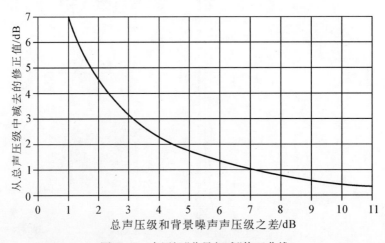

图 1-3　声压级"分贝相减"修正曲线

1.3　频率和频谱

与其他振动形式一样,频率也是描述声音至关重要的参数,国际单位为赫兹"Hertz",缩写为"Hz"。

人类的听觉系统不仅能够容纳很宽范围的声压级,而且还可以在很宽的范围上识别声音的频率。人们可感知的声音频率最低为 20 Hz,通常年轻人可以听见最高频率为 20 kHz 的声音。人的听力会随着年龄的增长而退化,到了中年听力的上限大约在 10 kHz 到 15 kHz 之间。但是即便是年轻人,10 kHz 以上的声音也不会觉得过于吵闹或烦扰,因为高频的声音会有效地被大气吸收,被人听到的时候强度已经比较低了。因此,国际标准把有效"噪声"的上限仅定在 11 kHz。

由于不同的声源具有不同的频率特性和频率成分,人类的听觉系统对不同频率的声音也有不同的反应,因此通常将声音的时域信号通过傅里叶变换转变为频域信号进行分析,形成以频率为横轴的曲线即为频谱。分析声音信号要看包含了哪些频率成分,每个频率的幅值是多少。图 1-4 为包含 60 Hz 到 150 Hz 正弦信号(纯音)的随机噪声信号的时间历程。图 1-5 为该信号的频谱,图中可以清楚地看出信号中的纯音成分。

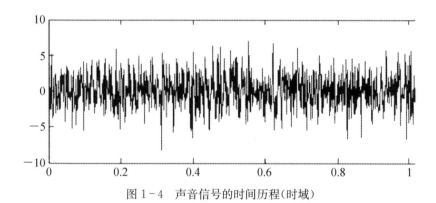

图 1-4　声音信号的时间历程(时域)

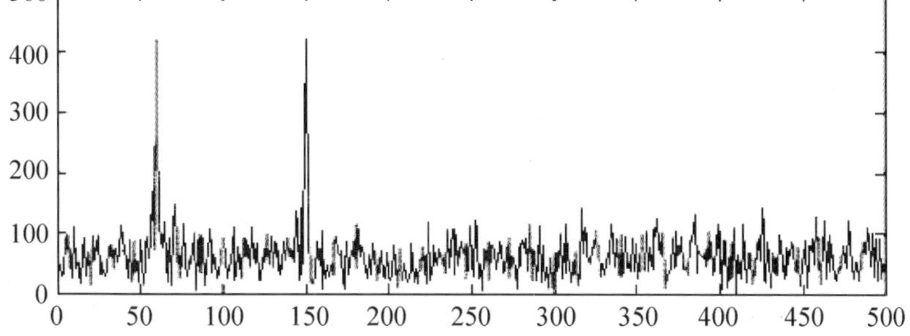

图 1-5　声音信号的频谱图(频域)

　　考虑到人类可识别的声音频率范围如此之宽,有必要将其细分成便于处理的范围。通常所使用的是倍频程和三分之一倍频程。一个倍频程就是定义的可听范围的八分之一,包括 2∶1 的频率分布,即上限频率是下限频率的 2 倍(如 250～500 Hz)。三分之一倍频程是将倍频程带宽再按比例分为三段,每段的上限频率是下限频率的 $2^{1/3}$ 倍。每一频带内的噪声所产生的主观感觉只和频带内噪声的总强度有关,与频带内的详细分布影响不大。表 1-1 是国际标准化组织建议的倍频程及三分之一倍频程的频率值。中心频率从 50 Hz 到 10 kHz 范围内倍频程有 8 个频带,而三分之一倍频程则有 24 个频带。

表 1-1　国际标准化组织建议的频率表

下限频率/Hz	中心频率/Hz	上限频率/Hz	下限频率/Hz	中心频率/Hz	上限频率/Hz
* 22.4	25	28.2	* 707.9	800	891.3
28.2	* 31.5	35.5	891.3	* 1000	1122
35.5	40	* 44.7	1122	1250	* 1413
* 44.7	50	56.2	* 1413	1600	1778
56.2	* 63	70.8	1778	* 2000	2239
70.8	80	* 89.1	2239	2500	* 2818
* 89.1	100	112.2	* 2818	3150	3548
112.2	* 125	141.3	3548	* 4000	4467
141.3	160	* 177.8	4467	5000	* 5623
* 177.8	200	223.9	* 5623	6300	7079
223.9	* 250	281.8	7079	* 8000	8913
281.8	315	* 354.8	8913	10000	* 11220
* 354.8	400	446.7	* 11220	12500	14125
446.7	* 500	562.3	14125	* 16000	17783
562.3	630	* 707.9	17783	20000	* 22387

注:表中"＊"代表的是倍频程的频率值

1.4　噪声的传播

　　当声源振动时,就会在周围的空气中产生压力波动,随着压力波动的传递,声能也跟着转移。声波传递的空间称为声场。声波传递的速度称为声速。声速的大小只跟传递介质的性质和状态有关。正常条件下,空气介质中的声速在 20℃时约为 344 m/s。波长、声速和频率的关系如下:

$$\lambda = \frac{c}{f}$$

式中,λ 为声音的波长,c 为声速,f 为声音的频率。

声源根据自身的特点可以分为:点声源、线声源和平面声源。从航空器自身的尺寸和测量其噪声的距离来看,可以将航空器看作为点声源。点声源所发出的声能向各个方向散发,形成一系列的球面波阵面,如图 1-6 所示。可以看出,传播距离增加一倍,声压减小一半,对应于声压级则减小 6 dB。这就是声学上称的"平方反比定律",又称"反平方定律"。平方反比律仅反映了随距离增加能量的扩散,而不考虑其他因素造成的声衰减。相对于距离声源 d_0 的参考点处的声压级 L_0,距离声源 d 处的声压级 L 为:

$$L = L_0 - 20\log(d/d_0)$$

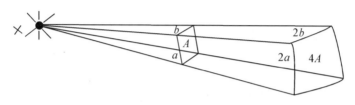

图 1-6　点声源的平方反比定律

除了传播距离以外,在空气介质中,还有许多能显著影响声音传播的其他因素。降水、风、温度、相对湿度以及随高度变化的风速和温度梯度都会显著影响声音的传播。因此,在噪声标准中对这些大气条件做了明确的规定。

声波在大气中传播,其能量也会由于空气分子的消耗而衰减,称为大气的声吸收,用吸声系数 α 表示,单位为 dB/1 000 ft(1 ft=3.048×10^{-1} m),或者 dB/100 m。大气的吸声系数取决于大气的温度和相对湿度。图 1-7 是对于频率为 4 000 Hz 的声音在不同温度和湿度下的大气吸声系数。可见声衰减的范围从每 1 000 ft 2 dB 到 34 dB,足以对航空器噪声的测量产生影响。

同样,风对声音的传播也有很大的影响。风速是随着高度的增加而逐渐增加的,这就形成了风速梯度。声波在不同速度的空气层中传播时,会改变行进的方向。对于地面固定的观察者而言,总体效应是顺风向的声波折回地面,逆风向的声波离开地面,如图 1-8 所示。通常,在顺风向的一侧声压变化很小,但在逆风向的一侧,也就是所谓的声影区,在较大距离上的"衰减"可以达到 20～30 dB。不规则的湍流或者阵风在较长距离上也会对声音的传播造成干扰,通常可以达到 4～6 dB。

空气中的声速是随温度增加的。在正常的大气中,温度随高度的增加而降低。温度梯度的影响也会改变声波的行进方向,声波偏转离开地面,正如风梯度的影响一样,形成与温度梯度有关的阴影区,如图 1-9 所示。由于大气的不均匀性、湍流和局部热交换,可以使声音发生散射而进入声影区,所以温度梯度效应不是很明显。但是,如果由于某种原因而形成了逆温梯度,就会得到相反的结果,声波会向地面折射,增强局部声场而不形成声影区。

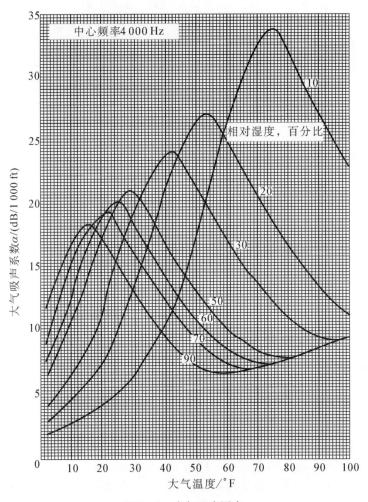

图 1-7　大气吸声图表

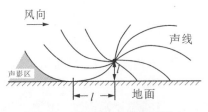

图 1-8　风梯度对声传播的影响

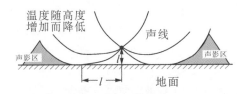

图 1-9　温度梯度对声传播的影响

　　地形地貌也会吸收声音,造成声衰减。如果地面非常平坦坚实,声波的衰减并不会很大。但多数自然状态地面的吸声特性是显著的,对于高大茂密的草地或者灌木丛来说,声衰减可达 20 dB/100 m。

第 2 章　噪声评价的度量

　　人耳本身是一种复杂的仪器,在很宽的频率和强度范围内有着极好的分辨能力。但是,测得的物理声压级与人们对相同声音的感觉之间不是简单的关系。在声学领域用"响度"来描绘人们对声音强弱的主观心理知觉量。恒定声级的纯音的响度是随声音的频率变化的,短脉冲的响度也是随着其持续时间而改变的。虽然声暴露的水平可以用物理量来量化,但每个人对噪声的反应是依赖于其耐受程度,而不是其简单物理特性的直接后果,如绝对噪声水平、噪声出现的时间和频率、持续时间以及噪声的谱成分。因此,在评价噪声的区域性反应时,就需要一种度量,这种度量应与噪声容易测得的某些性质的主观响应相关联。有些噪声评价的度量是一种简单的单一测量,有些则需要进行频谱分析,还有的需要进行时间统计等等。

2.1　基于响度的噪声评价度量

　　响度是人们对声音的主观感觉。人耳对纯音和其他类型噪声响度的感觉已经经过研究,并提出多组等响曲线。这些曲线都是许多不同的心理声学的试验结果。图 2-1 为纯音的标准等响度曲线,即不同频率的声音和1000 Hz的纯音响度相等时声压级随频率变化的曲线。等响度曲线是一个统计曲线,考虑了人群的听觉特征。图中每条曲线对应不同频率的声压级是不相同的,但人耳感觉到的响度却是一样的。所有等响曲线都是以 1000 Hz 纯音的响应作为基准,并用 1000 Hz 声压级的数字作为每条等响曲线的响度级,单位是方(phon)。可见,人耳对声音的频率和绝对声压级响度的评价是非线性的。但通常来讲,对于给定的噪声,声压级提高 10 dB,主观响度约增加一倍。

　　多年来,基于人们对噪声响度的反应发展出了几种评价度量,主要有:

　　1) 总声压级

　　在可听频率范围内(20 Hz 到 20 kHz)的简单声压级测量。由于它和人的主观响应相关性很小,所以以少应用。

　　2) 计权声压级

　　由于用响度级来表示人们对声音的主观感觉过于复杂,因此,为了简单起见,在等响曲线中选了三条曲线,一条是 40 方的曲线,代表人们对低声压级的响度感觉;一条是 70 方的曲线,代表中等强度的响度感觉;一条是 100 方的曲线,代表高声强

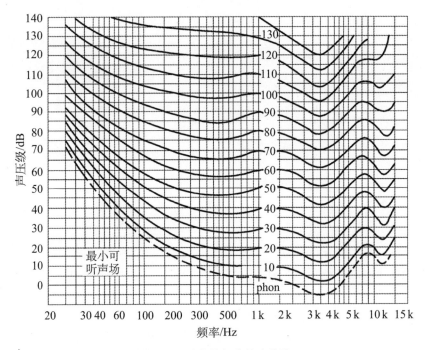

图 2-1 纯音的标准等响曲线

时的响度感觉。按照这三条曲线的形状设计了 A，B，C 三条计权网络，如图 2-2 所示。A 计权网络的特性曲线对应于倒置的 40 方等响度曲线，模拟人耳对 55 dB 以下低强度噪声的频率特性；B 计权网络的特性曲线对应于倒置的 70 方等响度曲线，模拟人耳对 55~85 dB 的中等强度噪声的频率特性；C 计权网络的特性曲线则对应于倒置的 100 方等响曲线，模拟人耳对高强度噪声的频率特性。经过计权得到的声压级分别称为 A 计权声压级、B 计权声压级和 C 计权声压级，简称为 A 声级、B 声级和 C 声级。

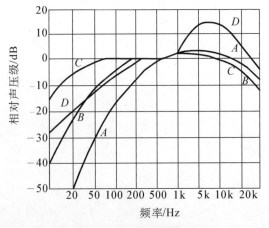

图 2-2 计权网络的特性曲线

　　实践证明,不论噪声强度高还是低,A 声级都能很好地反映人对噪声响度和吵闹的感觉。而且,A 声级同人耳的听力损伤程度也能够很好地对应,即 A 声级越高,损伤也越严重。20 世纪 70 年代以后,人们基本上都采用 A 声级作为评价标准,B 声级和 C 声级基本上不再使用。由于 A 声级可以很方便地在商用声级计上通过电子加权网络直接读出,使得许多规范中采用 A 声级作为评价标准。

2.2　基于噪度的噪声评价度量

　　响度和基于响度的计权声压级适合于评价工业噪声或其他连续的日常噪声,但不适用于具有宽频、可变的频谱特性,以及瞬态的强度—时间关系的噪声,比如航空器噪声。要对这样的噪声进行评价,就要考虑其特殊的频率特性和持续性。因此,在 20 世纪 50 年代提出了噪度的概念。噪度是反映人们主观判断噪声的“吵闹”程度的数值,单位为呐(noy)。1 kHz 中心频率的 1/3 倍频程上 40 dB 的噪声所产生的烦扰度为 1 呐,作为噪度的基本度量单位。以中心频率为 1 kHz 的 1/3 倍频程随机噪声作为基准,比较测试者对不同频带噪声的平均响应。并用频带声压级—频率的形式得出一个统计上的倍频程等感觉噪度曲线族,如图 2 - 3 所示。

　　基于人们对噪声噪度反应的评价度量主要有:

　　1）感觉噪声级

　　噪度是频率和声压级的函数,可以通过简单的数学关系转换成分贝数,称为感觉噪声级(Perceived Noise Level, PNL),单位为 PNdB,作为表示噪声烦扰程度的单一数值。噪度的呐值增加 1 倍,感觉噪声级增加 10 PNdB。从等噪度曲线上可以看出,人类的听力系统对中高频比较敏感,物理上相同的总声压级(OASPL)随着频率分布的改变可以导致多达 20 PNdB 的变化,这意味着噪度响应 4 倍的变化。噪度转化为分贝的具体计算过程我们在后面的章节中介绍。

　　2）D 计权声级

　　D 计权声级是以感觉噪度声级为 40 PNdB 的等感觉噪度曲线为基础,模拟人们对噪声的烦恼度的响应。D 计权声级的提出完全是为了描述飞机噪声的目的,由于其计算较为简单,现在通常用于机场噪声的监测,作为感觉噪声级的一种近似。

　　3）纯音修正感觉噪声级

　　由于人类的听觉系统对纯音敏感的特性,使得我们能够感受到并优先“锁定”离散的纯音,而且有忽略邻近频率范围内声音宽带特性的趋势,所以,离散的纯音经常会让我们感觉更为烦扰。纯音修正感觉噪声级(Tone-corrected Perceived Noise Level, PNLT)就是用来描述这一现象的噪声评价度量,单位为 TPNdB,目的是修正包含在 1/3 倍频程内的纯音对噪度的影响。在这个度量里,一个特殊的修正量加到感觉噪声级上,既改变纯音的干扰度(高于局部环境水平),也改变了纯音的频率。这个过程全面考虑了在人类可感知的声级和频率范围内离散纯音的突出影响。纯音修正感觉噪声级的计算过程我们在后面的章节中介绍。

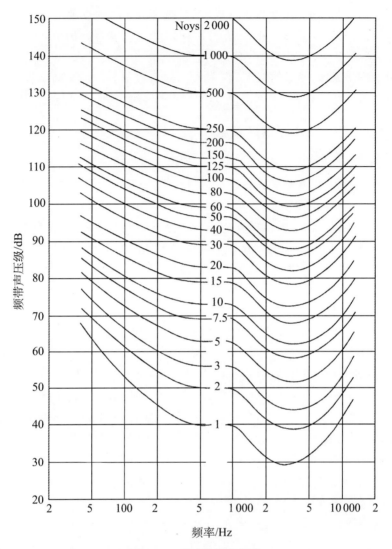

图 2-3 等感觉噪度曲线

4) 有效感觉噪声级

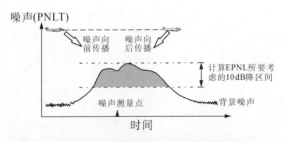

图 2-4 航空器噪声—时间历程

有效感觉噪声级（Effective Perceived Noise Level，EPNL）是目前国际上在正式航空器噪声合格审定中使用的噪声评价度量，单位是 EPNdB。它是在纯音修正的基础上再进行噪声持续时间的修正。噪声持续时间随航空器的类型和运行模式的不同而变化。图 2-4 是一个典型的航空器噪声—时间历程,其名义上的持续时间是高于峰值(经纯音修正)10 dB 降门槛值的声音所持续的时间。在标准的计算方法中,对10 dB降区间 *PNLT* 曲线所包含的能量完全积分,并关于恒定 10 s 时间进行标准化。

　　经过最终的修正,即可得到有效感觉噪声级,一个演算出的数值,表征航空器一次运行所发出的噪声在地面上某个位置产生的噪度。

第3章　航空器噪声源

航空器噪声是不可避免的,当空气流过航空器结构或通过动力装置引起压力波动时,就会产生噪声。尤其是发动机,动力的产生涉及空气压力和温度的大幅度变化。另外机体本身表面积很大,尤其是在起飞着陆阶段,起落架和高升力装置(缝翼和襟翼)会产生大量的涡流。航空器噪声是航空器飞行时自身各种噪声源所发出的声辐射总和。航空器噪声源主要分为两类:机体噪声和推进系统噪声。机体噪声是在飞行过程中,气流流过航空器表面而引起的气流压力扰动产生的,也称空气动力噪声。推进系统噪声则是航空器的动力装置在工作过程中各个部分所产生的噪声,包括螺旋桨噪声、风扇噪声、压气机噪声、燃烧室噪声、涡轮噪声和喷流噪声等。图3-1为航空器的主要噪声源,对于不同类型的航空器,各噪声源所占比例各不相同。

图 3-1　航空器主要噪声源

3.1　机体噪声

虽然航空器噪声主要来自于推进系统,但是在其进场的过程中,由于发动机的功率或推力比较低,以及增升装置和着陆装置的伸出,使得机体噪声占主导地位。主要的机体噪声源如图3-2所示。

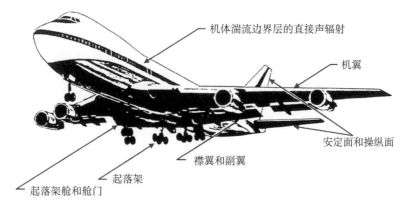

机体湍流边界层的直接声辐射

机翼

安定面和操纵面

襟翼和副翼

起落架

起落架舱和舱门

图 3-2　机体噪声源

当航空器高速在空气中飞行时,在其表面会引起涡流层,从而造成压力的波动,就产生了噪声。因为机体表面结构,如各种天线、舷窗和驾驶舱风挡的边框以及机翼等等,形状和尺寸大不相同,因而在气流流过机体表面时诱导产生的涡流就会有很大变化。宽带涡流在远场就表现出多频噪声信号,其在整个频谱上的变化幅度与航空器的结构尺寸和气流流过机体表面的速度有关。

噪声通过大气传播到地面,同时也穿过机体结构传到座舱中。旅客可以感觉到随着飞机爬升加速到巡航速度客舱内噪声的逐步增加。当飞机准备进场着陆时,客舱内的噪声也会有明显地增加。这是由于起落架和襟翼、缝翼的伸出引起的涡流造成的直接结果。

在正常的飞行状态下,航空器的起落架、缝翼和襟翼收回,其构型是"干净"的,机体噪声主要来自于机翼和尾翼。虽然机身也能产生升力,但绝大部分升力(由此产生相应的阻力、诱导涡流和噪声)是来自于机翼和尾翼结构。虽然机体表面的腔体,如起落架舱和光滑表面的不连续处,如现代高升力襟翼系统,会产生低频的纯音,但主要的机体噪声还是机翼产生的宽带噪声。

在涡扇发动机出现的早期,国外很多研究机构对机体噪声进行了大量的研究。1974 年到 1978 年间,在皇家航空器研究所(Royal Aircraft Establishment)的资助下,英国进行了大量试验。在 Lockheed L1011 上进行的一系列试验的结果确定了机体噪声的主要来源,同时也研究了机体噪声对于飞行速度的依赖性。图 3-3 是试验采集的典型数据。可以看出,在着陆和进场阶段,襟翼伸出和起落架放下使得机体噪声在总体上有 10 dB 的显著增加。在这两个噪声源中,起落架产生的噪声更为强烈,使得噪声增加 5~10 dB,并且使总体声源的指向性变成近似球面(见图 3-4)。这些结果是在特定机体上获得的,其谱特性和噪声特性是该特定机体的函数,并且是随飞行速度变化的。

20 世纪 70 年代对机体噪声的试验研究得出主要结论有:

(1) 干净构型的机体会产生宽带噪声,低频峰值在 200 Hz 左右,并且随着飞机的尺寸和飞行速度不同而改变(见图 3-5)。机翼是最主要的噪声源。

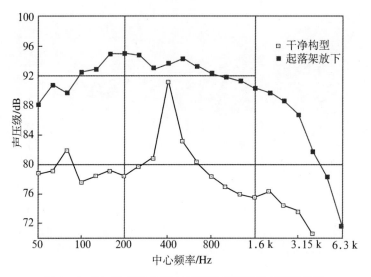

图 3-3　L1011 干净构型与起落架放下时噪声谱的比较

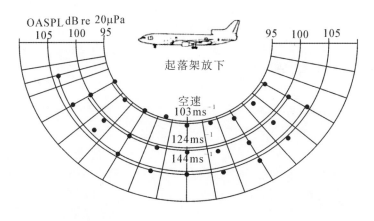

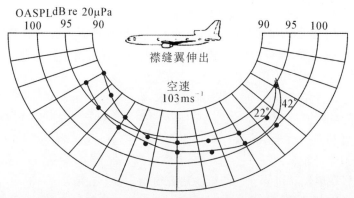

图 3-4　洛克希德"三星"飞机纵向噪声辐射图(距离 183 m)

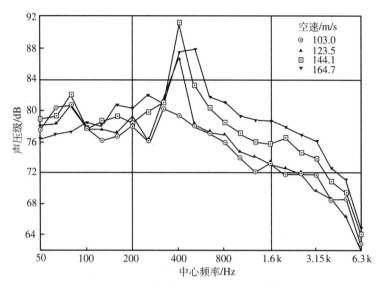

图 3-5　干净构型的 L1011 飞机噪声谱

（2）干净构型的机体也可以产生较强的纯音，这与机翼尾缘的涡流分离有关。

（3）理论上讲，源噪声的强度随着飞机飞行速度的 5 或 6 次方变化。但实际上，噪声的测量结果经常受到飞机发动机的干扰，尤其当发动机在慢车功率时，噪声与速度的相关性被降低。

（4）增生装置（襟翼和前缘缝翼）和起落架产生的宽带噪声要比干净构型的大得多，在着陆进场阶段，噪声可以增加将近 10 dB。

（5）起落架噪声非常显著，其指向性大致呈球面（见图 3-4），谱特性在频率上高于干净构型的机体噪声（见图 3-3），噪声级随飞机飞行速度的 5 或 6 次方变化。

（6）相对于干净构型，增生装置改变了机体噪声的频谱成分，机翼弦线的延伸和由此引起的机翼尾流中大量的涡流有降低特征频率的趋势。

3.2　螺旋桨噪声

毫无疑问，航空器的推进系统是航空器上最大的噪声源。航空器的推进系统有多种形式，包括：喷气、涡扇、活塞、螺旋桨、直升机旋翼以及正在研制中的"开放转子"或先进高巡航速度螺旋桨。

在早期的有动力飞行中，螺旋桨起到了重要的作用。从简单的木质螺旋桨到现代复合材料的开放转子或称"桨扇"，其噪声的来源都是一样的，只是产生噪声的比例和强度不同罢了。此外，在燃气涡轮发动机中，几何形状复杂的多叶片涡轮机构噪声的产生机理也与这些声源相同。

在第二次世界大战以前，全球的中型商业机队都是以活塞发动机为动力的螺旋桨飞机，而螺旋桨产生噪声的机理则早在 20 世纪 20 年代开始就为人知晓了。并且在民用燃气涡轮发动机出现之前，欧洲和美国进行的理论和试验研究就已经为预测螺旋桨噪声的纯音成分打下了基础。另外,宽带噪声的重要性也已经被提出。

随着后来的燃气涡轮喷气发动机和涡扇发动机的发展,螺旋桨噪声的研究逐渐沉寂。事实上,很多年来螺旋桨飞机被认为是"安静的",并且在运行上相对于喷气式飞机给予了更多的自由度。直到 20 世纪 70 年代开始对航空器进行噪声合格审定,以及后来扩展应用到螺旋桨飞机,螺旋桨噪声这一领域的研究才再次回升。

近年来的研究很大程度上受到像如图 3-6 所示使用先进的、多个后掠桨叶的螺旋桨的推进理念推动。这项研究和以往在直桨叶螺旋桨上的研究工作一起,使得人们对螺旋桨噪声的产生机理有了更多的理解。这些知识反过来又被运用到低噪声常规螺旋桨的研发当中。

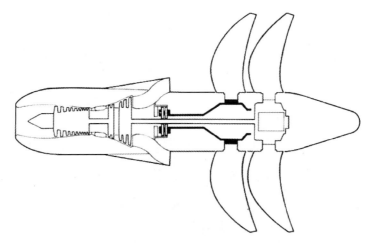

图 3-6　高巡航速度的开放转子推进系统

3.2.1　噪声源

跟大多数推进系统噪声一样,螺旋桨噪声也分为纯音(离散频率)和宽带噪声两类。

纯音的产生是对于静止的观察者,螺旋桨桨叶在空气中有规律的周期性运动,以及与相邻结构相互作用的结果。频谱由基本桨叶通过频率和高阶倍频的纯音组成,谐频衰减率是叶片形式和工作负荷的函数。图 3-7 是常规螺旋桨的典型的频谱,平均谐频衰减率为 5~10 dB。通常,低桨叶速度的近场信号基本是正弦形式,随着叶尖速度接近音速,初始激波形成,频谱逐渐变得"尖锐"。

螺旋桨噪声频谱的宽带成分是随机的压力波动形成的,与入口气流、边界层和桨叶尾流中的涡流有关。从根本上说,桨叶的尺寸和气流通过的速度决定了频谱的形状。另外,与离散频率成分相比,宽带噪声的能量通常是无关紧要的。

螺旋桨的纯音噪声源主要来自于以下几个方面:

(1) 气团位移效应,每个旋转叶片扰动空气,叶片周围的空气周期性的横向填补,相对于静止的观察者产生规律性的脉动。这通常被称作"厚度"噪声,在桨叶速

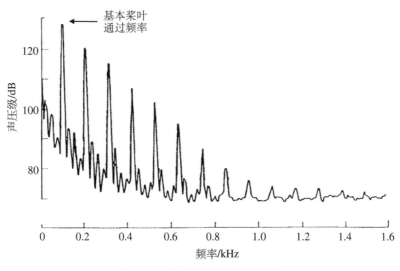

图 3 - 7　典型的螺旋桨噪声频谱

度较高时变得非常重要。

（2）随着稳定负荷的螺旋桨转动，压力场相对于观察者的变化，通常称作"负荷"噪声。这在低桨叶速度时占主导地位。

（3）当桨叶速度达到或超过声速时的局部效应。

（4）压力场和不均匀入流效应造成的周期性不稳定载荷。

（5）其他相互作用影响，尤其是桨叶尾流冲击在其他（固定或旋转的）结构上，如机翼或在对转设计中的第二排桨叶。这种两排桨叶的设计根据桨叶的速度、几何尺寸和两排之间的间隔，可以产生很强的影响。

很多年以前，人们就认识到了负荷噪声和厚度噪声。这两个声源看起来具有相同的频率、桨叶通过频率和倍频，但是厚度噪声是随着转速和倍频数的增加而增加的。至于负荷噪声，由于桨叶的转动，升力在空间中一个固定点上会产生周期性的压力变化。厚度噪声简单地说就是空气有规律地分离产生的。

当桨叶相对于局部气流的马赫数（桨尖马赫数）达到 1 时，桨叶周围流场的局部效应就是一个很强的噪声源。早期超音速桨尖速度的螺旋桨就以高噪声闻名。但是局部噪声源往往与气动效率不高相关联，不会有进一步的发展。这就是传统的直桨叶螺旋桨不能用于高速巡航的民机，而现代的开放转子（或称为桨扇）变得越来越重要的原因。这些设计具有很薄的叶片，并在叶尖部分有后掠，所以垂直于桨叶前缘的速度分量是亚声速的，哪怕桨尖速度是超声速的。这样的设计标准把桨尖效应减到最小，使得螺旋桨的固有特性——从推进效率、总体重量和成本来说——能够扩展到目前喷气机的领域。现代开放转子的验证飞行从 1987 年就开始了，只要螺旋桨飞机的客舱噪声问题，以及机械/安全和气动性问题得以解决，就有可能进入商业运行。

周期性引发的不稳定载荷产生噪声的方式与稳定载荷一样。只是载荷不再是固定在某一坐标系下。在两排对转的螺旋桨上一个重要的事实是，在这些设计中，不稳定负荷产生的交互纯音可以在上游叶片和下游叶片通过频率（及其倍频）上出现，就像每排感受到另一排的存在一样。这源自于压力场的相互作用，对于下游叶片来讲，还受到尾流和叶尖涡流的影响。

对于相对气流有较大角度或者靠近固定结构（如机翼）的单排转子来说同样如此。但是在这里，固定结构的叶片通过频率是零。尽管如此，不稳定载荷源仍然存在，出现在真实叶片通过频率的倍频上。事实上，机翼上升气流引发的入射效应也会造成螺旋桨每侧噪声辐射的不对称，机身两侧的差异可达 5 dB。

3.2.2　螺旋桨噪声的控制

螺旋桨噪声控制就是在满足一定的性能要求之下，通过优化螺旋桨几何结构和工作参数达到降低噪声的目的。

人们很多年前就认识到，对于桨尖速度是亚声速的单排螺旋桨来讲，当桨尖速度降低时，或者因桨叶数目的增加而负荷减小时，其噪声就会下降。然而，就后者而言，并不一定意味着观察者感受到的噪声会降低，因为增高的频率会使噪度增加。尽管如此，综合来讲，增加桨叶数量通常还是有利于降低噪度的，这也是现代飞机趋向于使用多桨叶螺旋桨的原因。比如，新的 BAe ATP 就用 6 叶螺旋桨替代了老的 BAe 748 设计使用的 4 叶螺旋桨。

此外，由于桨尖速度较高时，桨尖截面和轮廓对螺旋桨的噪声控制影响很大，因此桨尖的外形受到相当多的关注。同样，桨叶展向和弦向的载荷分布也要详细地进行研究，以防止出现引发高水平噪声的局部气流变化。双排螺旋桨构型只会使噪声问题更加突出，虽然每排螺旋桨可以独立地进行考虑，并使用最佳的设计标准，但每排之间的相互作用非常重要。目前，双排螺旋桨的噪声控制技术主要有：

（1）增加排与排之间的间隔：这可以将潜在的流场和叶片尾流的相互作用降至最小。

（2）增加桨叶数目：这可以将某些谐频纯音"推出"可听范围。

（3）选择不同的桨叶数：这可以避免在桨叶数目相同时，高能量出现在相同频带内产生的噪度。

（4）降低桨尖速度：与单排螺旋桨的情况一样，可以降低桨尖马赫数。

3.3　喷气发动机

"喷气"一词最初是对 20 世纪 50 年代开始进入商业领域的"彗星"飞机所使用的无螺旋桨燃气涡轮发动机的通俗说法。现在也涵盖了现代涡扇发动机，因为这些发动机的"螺旋桨"是看不见的，并且也是依靠发动机后部喷口排出的气流推动的。

自彗星首飞开始的 40 年间，喷气发动机在设计理念和工作循环上经历了重大变化。最初的喷气发动机是单轴、单一空气－燃气流系统、单一喷管的,如图 3－8 所示。依靠压缩少量空气,经过燃烧释放能量驱动压气机系统,之后高温高速排到大气中,产生推力。喷气发动机工作循环的整个过程是连续的,不像活塞发动机是周期性的,活塞随着曲轴的转动每次压缩固定量的空气。

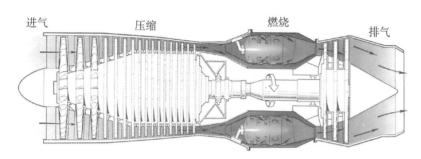

图 3－8　典型的单轴涡轮喷气发动机

典型的 50 kN 推力的发动机中,大约每秒 40 kg 空气被吸入发动机压缩系统,与燃油混合燃烧。燃烧室的下游,涡轮提取充分的能量驱动同一轴上的压气机,热的燃气以大概 600 m/s 的速度排出喷口。净推力简单来讲就是喷气中去掉克服发动机短舱的反向阻力之后的剩余能量。

高速的喷气流进入静止或流速较慢的气流时,会在射流边界层中形成强烈的湍流脉动,造成剧烈的压力变化,从而产生喷流混合噪声。

把小质量的空气加速到较高的速度不是最有效的空气动力过程,但却可能是喷气发动机可利用的唯一方式。高的喷气速度也是高速飞行(如超声速客机和高速军用航空器)推进循环的基本特性。在更好的材料和涡轮冷却技术研制出来、以使得叶片能够在相对小的尺寸下产生更高的效率之前,将通过发动机的空气分成内外涵道两部分是改善涡轮喷气发动机推进效率的一个手段。内涵道的气流用来供给尺寸较小但更高效的发动机核心——燃气发生器,其排气速度相当于纯喷气发动机。外涵道的气流保持低压,由涡轮带动的风扇驱动,在核心机外部的单独通道里通过。外涵道与内涵道通过的空气流量之比称为涵道比。两股气流可以分别排出或混合后排出。在气流喷出发动机之前,冷热气流掺混后以较低速度从单一喷口排出,可以进一步提高推进效率,并且会降低平均排气速度,如图 3－9所示。

随着冷却更为有效地采用涡轮组件,可以以更高的压力和温度驱动大型风扇来提高外涵道的气流量,就诞生了高涵道比的现代涡扇发动机,如图 3－10 所示。实际上,最新涡扇发动机压气机出口温度已经与早期发动机燃烧室出口的温度差不多相同了。如果涡轮叶片内部没有循环冷空气冷却的话,燃烧室出口气流的温度足以熔化转子组件。

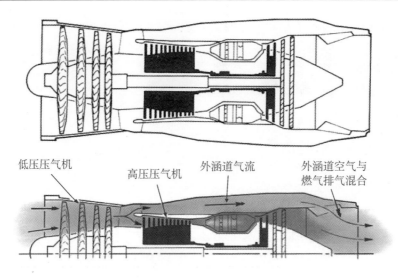

低压压气机　　高压压气机　　外涵道气流　　外涵道空气与
燃气排气混合

图 3-9　低涵道比双转子涡轮喷气发动机

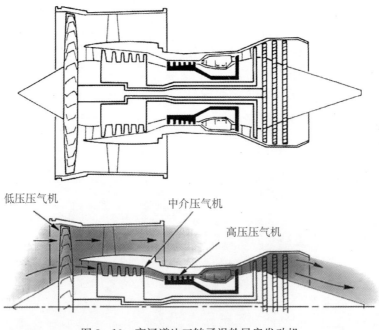

低压压气机　　中介压气机　　高压压气机

图 3-10　高涵道比三转子涡轮风扇发动机

这一技术可以使推力单位的气流量是纯喷气的 3～4 倍,只有 20％～30％的空气被用于涡轮上游的燃气发生器。现在大型单级风扇可以提供一定的压力(不超过 2∶1),因此风扇出口排气速度只有 300 m/s。核心机的压比远远高于早期发动机,可以达到 20∶1,但是也需要提取更多的涡轮能量驱动较大的风扇和高压压气机。结果是热空气的排气速度低于早期发动机,只有 400～500 m/s。

另外,在某些涡扇发动机上,冷热气流在喷口之前采用高效混合机制掺混,或者通过较长的排气管使两股气流自然地掺混。这一过程可以降低喷口排气速度和相关的混合损失。

可以看出,喷气发动机的噪声主要来自风扇、压气机、燃烧室、涡轮、尾喷管。由于所有的气动噪声源都是速度的函数,所以随着涵道比的提高和喷气速度的降低,外部喷气混合噪声也相应下降。相反地,随着涵道比增加,以及涡轮的功率提高,风扇、压气机和涡轮系统的噪声也随之增加。这种源噪声的增加不仅改变了噪声特性,也改变了声场的指向性。图 3-11 给出了低涵道比和高涵道比发动机噪声辐射模式的比较。另外,喷气发动机的噪声源也会随着功率水平的变化而改变。在低功率时,喷气噪声的重要性降低,而风扇、压气机和涡轮噪声占主导地位。这一点在高涵道比涡扇发动机上尤为突出。因此,有必要从头到尾逐一考虑发动机的每个主要噪声源。

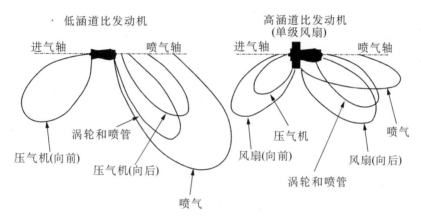

图 3-11 低涵道比和高涵道比发动机噪声辐射模式对比

3.4 风扇和压气机噪声

与所有旋转机械一样,风扇或压气机系统产生的噪声具有纯音和宽带特性。因为刺耳的高频离散纯音是早期喷气机的压气机系统突出特点,尤其是在进场阶段,而现代涡扇飞机在所有的运行阶段,噪声的低频和高频纯音都很明显,所以多年来风扇和压气机的纯音成分受到很多关注。纯音和宽带噪声产生的机制不同,因此需要分别讨论。

3.4.1 宽带噪声

风扇和压气机的宽带噪声主要是来自于叶片表面的压力波动,与附近的涡流相关。空气或者燃气流过固体表面,或者气流存在不连续性就会产生涡流。产生宽带噪声的压力波动的形成机制包括:沿叶片表面发展的湍流边界层引起的表面压力波动;沿叶片表面运动的涡流脱落引起的压力波动;叶片与来流湍流的相互作用,如风扇与进气湍流、下游叶片与上游叶片尾流湍流的相互作用。如图 3-12 所示。风扇系统最主要的涡流来源是进气道外壁的边界层和每级叶片的尾流。另外，虽然进气气流中的涡流通常对宽带噪声的产生不是很重要，但是进气道中存在障碍物就很值得注意。所以，现在大多数发动机都设计成具有产生额外涡流的可能性最小的机械特性。

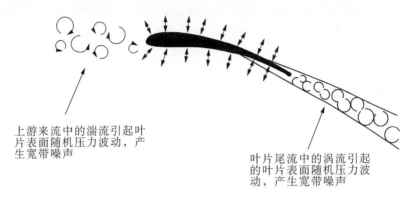

上游来流中的湍流引起叶片表面随机压力波动，产生宽带噪声

叶片尾流中的涡流引起的叶片表面随机压力波动，产生宽带噪声

图 3-12　宽带噪声的产生

第一级压气机，或者涡扇发动机的风扇，其宽带噪声产生于旋转叶片的端部在靠近进气道内壁的边界层中的运动。在这里涡流很强，并且叶尖的速度也最大。风扇叶片尾流中的涡流也是宽带随机噪声的重要来源，尤其是叶片面积较大的风扇，对下游涡轮机械宽带噪声的产生起到重要作用。对于单级风扇来讲，这些下游的"涡轮机械就是风扇出口静子叶片和多级的核心压气机。而多级风扇的转子和静子之间有更强烈的"活动"，因此，宽带噪声更强。图 3-13 是典型风扇和压气机的构型。

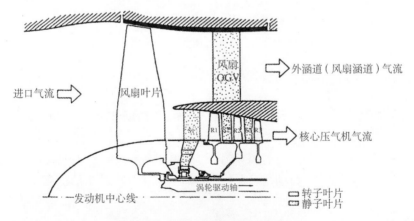

外涵道（风扇涵道）气流

风扇 OGV

进口气流

风扇叶片

核心压气机气流

发动机中心线

涡轮驱动轴

转子叶片
静子叶片

图 3-13　典型风扇和压气机的构型

湍流在流过叶型的气流的重要性首先是用一个简单的试验室试验表明的。一个叶型先是在喷气流的层流中，然后再移到湍流混合区，这时宽带噪声有 15 dB 的变化。后来全尺寸发动机压气机上的试验和理论分析都表明了涡流强度、气流速度和噪声之间的明确关系。早期的航空发动机风扇和压气机试验数据量化了这种情况，确认声能和叶片表面局部气流速度在理论上是 5 次方的关系。这些数据也表明了

流过压气机气流的平均速度决定了从进气口(压气机前端)和排气喷管(发动机后部)辐射的能量的分配。这些研究也指出,在给定的叶尖速度下,单级风扇的噪声水平更低,因为气流中的湍流水平比较低。近些年的试验研究主要集中在给定的工作条件下,精确地确定单级风扇向前和向后辐射的声压级和频谱特性。

3.4.2　离散纯音

离散纯音的产生和传播非常复杂,当一列旋转的叶栅,或称为 1 级叶片,其流道内的气流扰动存在交互作用时,就会产生纯音。通常这些交互作用涉及压力场或涡流扰动,它们也与自然大气中的涡流相互作用,或者简单地由每个叶片独特压力模式的传播产生,尤其是涉及超音速气流的时候。转子和静子之间的相互干涉在叶片上产生周期性变化的非稳态气动力也是风扇和压气机离散纯音产生的重要原因。另外,风扇转子与进气流的湍流畸变干涉也会产生离散纯音。

3.4.3　大气湍流产生的交互纯音

很多年前,旋转机械与大气中湍流的交互作用并未被认识。20 世纪六、七十年代所做的风扇试验很少考虑进入试验装置的空气品质。直到发现在飞行条件下有利于风扇基频纯音的截止,而在发动机静态运行时并不是这样时,才开始详细探究其原因。一个特殊的试验证明的这些问题,并奠定了认识这个问题的基础,导致在所有发动机静态运行试验中控制进口气流条件的技术要求。

这个试验是在 VC10 飞行试验平台上对 RB211 发动机进行噪声测量。为了获得静态和运动环境下发生的变化,在发动机进气道、风扇涵道以及机翼后缘襟翼轨道外罩上分别安装了许多传声器。图 3 - 14 是一个进气道内传声器所记录的数据。其中图 3 - 14(a)是以相同的中等发动机功率设定,分别在静态运行和飞行条件下(飞行速度大约 200 kn, 1 kn=1.852 km/h=0.514 m/s)30 s 的数据。可以很清楚地看出静态运行时基频纯音的波动特性在飞行状态下全部消失,频率特性变得非常稳定,并且声压级平均降低 5 dB。而图 3 - 14(b)展示了随着前进速度的增加,纯音特性的变化,包括保持刹车、地面滑跑(速度大约 60 kn)和起飞爬升。可以看出,随着速度的增加,纯音的波动逐渐降低。

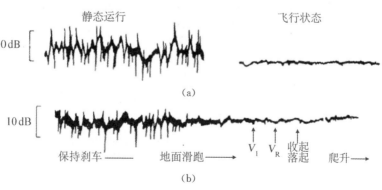

图 3 - 14　静态运行和飞行状态下 RB211 基频纯音的变化

(a) 亚声速基本叶片通过纯音(稳定 30 s 记录)　　(b) 起飞过程的连续记录(叶片速度是超声速的)

简单地说，就是在静态运行条件下，在一个近似球形的区域中，大气中的湍流和发动机附近结构产生的湍流被吸进进气道，而与旋转的风扇发生交互作用产生纯音。而在飞行条件下，大气的湍流水平通常较低，发动机进口气流相对平稳，压力/速度波动不大。

出于这种考虑，在发动机静态试验或压气机台架试验中，为了避免湍流交互作用的影响，就必须用进口气流控制装置来近似地模拟正常的飞行大气环境条件。图 3-15 为气动模型试验使用的进口气流控制滤网，在风扇噪声研究中通常采用。

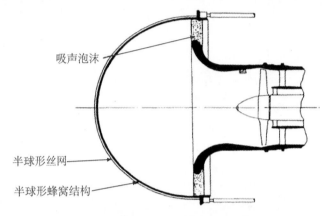

吸声泡沫

半球形丝网

半球形蜂窝结构

图 3-15 压气机台架试验的进口气流控制滤网

类似的，在全尺寸发动机试验中则使用直径超过 6 m 的球形滤网（见图 3-16）来控制进口气流中的湍流。该装置是完全自支撑结构，使用时必须进行仔细地校准，以考虑任何声学传导损失。通常这些损失不超过 1 dB。

图 3-16 全尺寸发动机露天台架试验所使用的进口气流控制装置

3.5 涡轮噪声

涡轮噪声与风扇噪声一样,也是由纯音噪声和宽带噪声组成。其中纯音噪声是由涡轮叶片上周期性的升力扰动产生的,而宽带噪声则是由流过叶片的湍流产生的,包括边界层、叶片尾流进口气流中的湍流。但是由于涡轮相邻的转子和静子之间的间距比风扇和压气机的更小,因此转静子干涉产生的纯音噪声在涡轮噪声中占主要地位。

研究表明,涡轮噪声与风扇和压气机噪声的主要差异存在于以下几个方面:

(1) 由于燃烧室后面涡轮进口导向叶片的"阻塞",噪声不能向上游传播,所有涡轮噪声的能量都从排气喷管辐射出去。

(2) 在辐射的过程中,声波通过喷气流与大气的边界层时会被折射,因此,涡轮噪声的辐射主要集中在相对于进气轴线 110°～130°之间(与排气轴成 50°～70°),如图 3-17 所示。

(3) 通过剪切层时,涡轮离散纯音的频谱变宽,呈"干草垛"状。喷气流的厚度与噪声波长的比值在决定是否产生"干草垛"中起到重要作用。

(4) 喷气口的几何形状对涡轮离散纯音的"尖锐度"有显著影响,这主要取决于风扇气流与核心气流的混合程度以及混合方式。

(5) 由于每个转子级和静子级都非常相似,因此很容易出现纯音"加和减"的现象,就象风扇和压气机界面区域那样。

(6) 像压气机一样,涡轮中也可能出现声截止。实际上,因为低叶尖速度和高声速(高温环境),在涡轮中更容易出现声截止。在现代涡轮设计中,利用这一现象进行降噪已经成为普遍做法。

(7) 涡轮上游的燃烧室系统会影响涡轮纯音的产生。燃烧室系统不可能沿周向产生完美均匀的气流温度和速度,涡轮进口导向叶片和前几级涡轮中的非均匀流场中存在强烈的相互干涉。

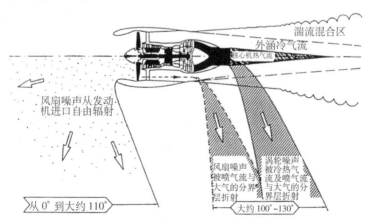

图 3-17 发动机内部噪声源的辐射模式

3.6　其他噪声源

除了上述的发动机源噪声之外,发动机还存在燃烧室噪声、核心机噪声等,这些都是随着高涵道比发动机的广泛应用,喷流噪声相对减小,才逐渐引起人们关注的。另外,航空器噪声还有反推装置噪声、直升机旋翼噪声,以及辅助动力装置(APU)噪声、液压动力系统噪声等,在此不再一一叙述。

第4章　航空器噪声标准

航空器噪声标准是在航空器型号合格审定过程中,确定航空器噪声等级所采用的规章、标准。同航空器在型号合格审定中必须满足的其他安全标准一样,航空器噪声标准是具有法律性质的,并且由此确定的航空器噪声等级有可能成为非安全性的适航限制。

4.1　航空器噪声标准的起源

在20世纪60年代早期,随着喷气发动机投入商业运行,并且航空器数目的快速增长,航空器噪声开始引起人们的关注。航空器的噪声和频繁运行引起了机场周边公众的强烈反应。结果,出现了机场建立局部噪声限值、宵禁、白天分时段规定噪声标准、征收噪声超标的附加费等局部噪声控制措施。但这些都不能从根本上解决问题,对作为机场主要噪声源的航空器噪声的控制和管理才是解决问题的根本,也是解决机场噪声问题的出发点。所以,最终的办法就是报废老旧高噪声飞机,并努力对新型号航空器的噪声进行控制。

随着喷气机在短航线上运营的迅速发展,在20世纪60年代中期,飞机噪声问题在美国及欧洲都引起极大反响,甚至成为一个政治问题,各国政府不得不开始采取积极的行动。1965年10月,美国举办了一个有联邦机构、地方政府、飞机制造商、机场及噪声技术专家参加的论坛。最终的报告提出一系列缓解航空器噪声问题的建议,其中一项就是研究制定噪声合格审定程序。随后成立的工作组把航空器噪声合格审定作为解决机场/社区噪声问题的关键。1966年11月在伦敦召开的民用航空器噪声国际大会上,参会的各国政府接受了噪声合格审定的概念,并签署了通过"审定"对制造厂的产品加以控制的提案。1969年11月,美国联邦航空局(FAA)颁布了联邦航空条例(FAR)第36部《民用航空器噪声合格审定标准》(14 CFR 36部)。国际民航组织(ICAO)也在1971年4月,根据1968年第16届年会的决议,采纳了国际民用航空公约附件16《航空器噪声》草案,并于1972年1月开始执行。这两部规章和标准都对航空器噪声合格审定做了详细的规定,成为国际认可的航空器噪声标准,也是各国制定各自噪声要求的基础。随着规章和标准的不断修订,对航空器噪声的要求越来越严格,应用范围也越来越广。现在所有的新型民用航空器,不管其类型、大小、重量或发动机设计,都必须满足制造国及ICAO的噪声要求。

4.2 美国联邦航空局噪声标准

FAA 在 1969 年 11 月 3 日颁布了《民用航空器噪声合格审定标准》(14 CFR 36 部),并于 1969 年 12 月 1 日生效,至今已修订到第 28 修正案。

现行有效的 14 CFR 36 部分为正文和附件两个部分。正文部分有实际内容的共有 5 章(其他章节备用),是法规和管理方面的内容;附件共有 6 个,主要是各类型航空器噪声审定的技术标准和程序。

A 章给出了航空器的类型以及相应术语的定义,并且明确规定了噪声合格审定的申请人所必须满足的申请日期及规章要求的有效性。第 36.7 条、第 36.9 条和第 36.11 条则分别给出了运输类大飞机和喷气式飞机、螺旋桨小飞机和螺旋桨通勤类飞机以及直升机升学更改的要求。

B 章、F 章、H 章按照航空器的类型,直接引用相应的附件对航空器的噪声测量、评定和计算以及必须符合的噪声限制进行了规定。

噪声合格审定的主要技术内容全部包含在各个附件中。

附件 A 针对运输类大飞机和喷气式飞机,详细规定了其噪声的测量和评定。第 A36.2 条规定了试验场地、可接受的气象条件和航迹测量的详细要求;第 A36.3 条规定了噪声测量、记录、分析系统的规范和校准要求;第 A36.4 条详细描述了如何从测量得到的声压级计算有效感觉噪声级(EPNL),包括 PNL 的计算步骤、纯音修正及持续时间修正等;第 A36.5 条规定了数据报送的内容和要求;第 A36.7 条规定了如何由测量的温度和湿度确定大气声衰减系数。在计算用来表明符合性的 EPNL 过程中,大气声衰减系数是一个关键的因素;第 A36.9 条详细描述了修正飞行试验数据至基准条件(包括气象、航迹和飞机性能)的程序。

附件 B 规定了运输类大飞机和喷气式飞机的噪声限制。规定了噪声评定的度量是按附件 A 中的程序计算出的 EPNL。同时也规定了确定飞越、横侧和进场审定噪声级的基准测量点的位置。对于要求满足第三阶段噪声限值的飞机,不管发动机的数量,测量点都相同。噪声限制值基于飞机起飞重量确定。对于第三阶段飞机,飞越噪声限制还与飞机安装的发动机数量有关。而对于在 2006 年 1 月 1 日之后提交型号合格审定申请的运输类大飞机和喷气式飞机必须符合的第四阶段噪声限制值,则直接引用 ICAO 附件 16 第 I 卷第 4 章的噪声级。该限制值是在第三阶段噪声限制值的基础上,更为严格的噪声限制值。

附件 B 对试验飞行速度、飞机构型和采用减推力起飞剖面时减推力的最小离地高度也做了详细的规定。

附件 F 和附件 G 是针对螺旋桨小飞机和螺旋桨通勤类飞机的,自成体系,要求也是独立于其他航空器类型,对试验场地、气象限制、测试设备、飞行程序以及数据修正都有详细的要求。附件 F 在 1974 年采纳,而附件 G 是在 1988 年纳入 FAR-36 的,替代了附件 F。附件 F 现在只用于有追溯性要求的螺旋桨小飞机和螺旋桨通勤类飞机。附件 G 用起飞噪声替代了附件 F 的飞越噪声要求,要求在飞机爬升过程中测量 A 计权噪声级。噪声限制值也是基于飞机的起飞重量确定的。经过第 28 修正案的修订,噪声限制值已经与 ICAO 附件 16 第 10 章一致。

附件 H 是 1988 年纳入规章的,详细规定了直升机的噪声合格审定程序。除了计算 EPNL 需要用到附件 A 的内容以外,其他部分也是自成体系的。但由于附件 H 的程序相当复杂,并且不区分直升机的大小,一些小的制造商要完成这些试验的负担过重。考虑到这些因素,附件 J 给出了一个相对简单的试验程序,可以作为起飞重量不超过 3175 kg(7000 lb)的直升机表明符合性的另外一种选择。相对于附件 H,附件 J 的噪声限制采用声暴露级(Sound Exposure Level,SEL),比用 EPNL 严格将近 2 dB,这样,如果不能满足附件 J 的要求,申请人还可选择采用附件 H 来表明符合性。

4.3　国际民航组织噪声标准

ICAO 关于航空器噪声的标准和建议措施由理事会根据《国际民用航空公约》(1944 年,芝加哥)第 37 条规定,于 1971 年 4 月 2 日首次通过,并定为公约的附件 16,命名为《航空器噪声》,并于 1971 年 8 月 2 日生效,1972 年 1 月 6 日开始执行。在 1981 年第 5 次修订时,将航空器发动机排放物的标准和建议措施纳入附件 16,并将附件 16 更名为《环境保护》,《航空器噪声》作为该附件的第 I 卷。至今,《航空器噪声》已经经过 10 次修订,最新一次修订是 2011 年 7 月 18 日生效的第六版,2011 年 11 月 17 日开始执行。

《航空器噪声》主要规定了各缔约国航空器应普遍满足的噪声水平,以及有关噪声的其他方面的协调建议。具体包括:

(1) 航空器噪声合格审定,包括在各个时期申请适航审定的各型航空器的噪声限制、噪声测量程序、飞行试验程序、航空器噪声的评定程序等。

(2) 噪声监测。

(3) 机场噪声的评估。

(4) 噪声管理的平衡做法。

其中航空器噪声审定方面的内容是其主体,占了绝大部分篇幅。主要根据航空器的类型和申请时间划分适用的章节,具体如表 4-1 所示。

表 4-1　《航空器噪声》各章节所对应的航空器类型

章节号	航 空 器 类 型	申请日期
2	亚声速喷气飞机	1977 年之前
3	亚声速喷气飞机	1977—2005 年
3	最大起飞重量大于 5700 Kg 的螺旋桨飞机	1985—1988 年
3	最大起飞重量大于 8618 Kg 的螺旋桨飞机	1988—2005 年
4	亚声速喷气飞机	2006 年之后

（续表）

章 节 号	航 空 器 类 型	申 请 日 期
4	最大起飞重量大于 8618 Kg 的螺旋桨飞机	2006 年之后
5	最大起飞重量大于 5700 Kg 的螺旋桨飞机	1977—1985 年
6	最大起飞重量不大于 8618 Kg 的螺旋桨小飞机	1975—1988 年
10	最大起飞重量不大于 8618 Kg 的螺旋桨小飞机	1988 年以后
8	直升机	1985 年以后
11	最大起飞重量不大于 3715 Kg 的直升机	1993 年以后
12	超声速飞机	—

相对于 14 CFR 36 部来说，ICAO 的附件 16 第 I 卷《航空器噪声》更像是一部通用的技术规范，对航空器噪声的管理也只是一般性的叙述，往往是由其他民航当局采纳后，才具有法律地位，如 JAR 36，CS 36，AP 36 等。从 1990 年开始，FAA 和 ICAO 分别对这两部规章标准的差异部分进行相互协调，尤其是 FAR-36 的第 24 修正案，在结构和内容上进行调整，采纳了 ICAO 附件 16 第 I 卷中关于运输类大飞机和喷气式飞机的相关内容。至今这两部规章标准除极少部分差异保留之外，技术部分的内容已经没有本质差异。

4.4　我国航空器噪声标准

虽然我国的民用航空工业和民用航空运输业起步较晚，但近年来，随着我国航空运输业的不断发展，航空器噪声污染问题也愈发受到政府和公众的重视。为了满足国际国内对环境保护日益迫切的要求，维护公众利益，促进民用航空制造业、运输业健康有序的发展，中国民航局于 2002 年 3 月 20 日正式颁布关于航空器噪声的法规——中国民用航空规章（CCAR）第 36 部（CCAR-36）。CCAR-36 主要参考了 14 CFR 36 和 ICAO 附件 16 第 I 卷的内容，并结合我国的实际情况制定，明确规定了各类航空器型号合格审定应满足的噪声标准，以及噪声评定和测量的规范。根据我国航空工业界的设计和制造水平，同时兼顾 ICAO 和各国局方审定标准的变更，中国民航局于 2007 年 4 月 15 日对 CCAR-36 进行了第一次修订，使得 CCAR-36 中不同类型的航空器各个阶段的噪声标准和评定方法与 ICAO 附件 16 和 14 CFR 36 保持一致。

由于我国采用了 FAA 的适航规章体系，因此 CCAR-36 与 14 CFR 36 的结构和框架相同，分为正文和附件两个部分。除备用章节以外，CCAR-36 的正文部分共有 5 章，是法规和管理方面的内容；附件共有 6 个，主要是各类型航空器噪声审定的技术标准和程序。各附件所适用的航空器类型以及与 ICAO 附件 16 第 I 卷的对应关系如表 4-2 所示。

表 4 - 2　**CCAR - 36 各附件所对应 ICAO 附件 16 第 I 卷的章节**

附件	航 空 器 类 型	对应 ICAO 附件 16 第 I 卷的章节
B	运输类大飞机和喷气式飞机	3, 4
F	螺旋桨小飞机和螺旋桨通勤类飞机	6
G	螺旋桨小飞机和螺旋桨通勤类飞机	10
H	直升机	8
J	最大起飞重量不大于 3715 Kg 的直升机	11

　　自 CCAR - 36 部颁布以来,已经用于国产 Y - 12 飞机和 MA - 60 飞机的噪声合格审定。我国自主研制的新支线飞机 ARJ21 - 700 也将 CCAR - 36 - R1 列入型号合格审定基础。

第5章 航空器噪声合格审定的一般程序和要求

民用航空器噪声合格审定是航空器型号合格审定的重要组成部分,而噪声合格审定试验则是航空器表明噪声符合性最直接的手段。虽然简单地说,航空器噪声合格审定试验就是在规定的测试点上,用符合规定的设备测量按照规定航迹飞行的航空器所发出的噪声值。但是由于整个试验过程涉及数据采集、信号分析、数据处理等领域,还要全面协调飞机试飞、噪声测量、航迹测量以及气象测量等方面,而且由于声音传播的性质受外界条件影响很大,为了数据的可靠性和可比性,噪声合格审定试验的试验条件也比较严格,安排协调不好,往往会出现试验数据无效的情况。因此,整个噪声合格审定从试验前期准备,到试验的实施以及最后的数据处理及报送可能需要一年甚至更长的时间。

本章将对航空器噪声合格审定试验的要求和一般过程作简要的介绍。

5.1 航空器噪声合格审定的流程

航空器的噪声合格审定虽然相对独立,但却是航空器型号合格审定不可或缺的组成部分,其审定基础与其他适用的适航规章和要求共同组成了航空器型号合格审定的审定基础。在航空器研制的早期阶段,申请人就应该向局方提供噪声合格审定计划(CP),包括该机型噪声合格审定预期使用的方法等相关资料。

噪声合格审定计划必须包含以下类型的资料:

(1) 随后的噪声符合性验证计划和噪声合格审定报告的内容总览。

(2) 适用的噪声合格审定规章,以及试验、报告、数据提交和完成航空器噪声合格审定过程所涉及的飞行手册相关页的说明。

(3) 符合条款要求的说明。

(4) 航空器噪声审定过程中使用的委任工程代表和其他委任人员。

(5) 关键事件的时间节点表。

(6) 各种其他的资料(例如:缩略词,组织代码等)。

当噪声合格审定计划被局方接受和批准后,申请人就要根据审定计划中建立的审定基础确定符合性方法,编写噪声符合性验证计划,提交局方审批。

噪声符合性验证计划包括申请人用来证明特定的航空器构型符合36部适用条

款要求的方法(包括等效程序),确定申请人为满足 36 部要求而提交的资料、数据和程序。获得局方批准后,该计划中的飞行试验就成为用来实现 TC,STC,和 TC 修订的合格审定要求的型号审查核准书(TIA)的一部分。

噪声符合性验证计划必须包含以下内容:

(1) 引言:明确适用的 36 部要求,即航空器噪声合格审定基础。

(2) 航空器的描述:航空器的类型、型号/序列号,发动机或螺旋桨的类型、型号/序列号,发动机额定值、短舱的声学处理,航空器总体尺寸(包括螺旋桨及转子直径),发动机和 ILS 天线位置,航空器/发动机的制造符合性。

(3) 噪声合格审定的方法,确定发动机降转特性曲线和机体噪声的方案,飞机/发动机性能证明,预估的包括空速、减推力(功率)距离、高度、推力(功率)设置在内的基准条件,确定 EPNLr 值及 90%置信限的方法以及飞行手册格式。

(4) 试验描述:试验场的位置和特征(例如:地形、地貌及障碍物)、噪声测量点位置、气象条件;航空器构型,包括襟翼设置、减速板和起落架位置,APU 使用,引气和功率提取的条件;试验参数,包括重量、目标高度、空速、发动机推力(功率)和试验容差。

(5) 测量系统的组成和程序(包括校准程序):包括声学、气象、时间/空间位置和飞机/发动机性能的测量。

(6) 数据评定程序,包括校准和数据处理(例如,数据处理软件和版本的审批状态)、修正和归一化程序:包括声学、气象、时间/空间位置和飞机/发动机性能数据的评定。

(7) 航空器噪声合格审定时间表。

(8) 参考资料。

(9) 使用的所有等效程序清单(例如,航迹切入程序)。

局方会根据申请人的资质和能力,以及所使用的硬件和软件情况对所提出的噪声符合性验证计划进行审批。当噪声符合性验证计划获得批准后,申请人就可以准备试验大纲,按照计划的时间表实施噪声合格审定试验,局方审查人员现场全程目击该项试验。

试验结束后,申请人对试验数据进行处理和修正,完成噪声合格审定报告,提供能够证实航空器符合 36 部要求和经批准的噪声合格审定验证计划的数据、资料和程序。

噪声合格审定报告必须包含以下内容:

(1) 引言:明确适用的 36 部要求,即航空器噪声合格审定基础。

(2) 航空器的描述:航空器的类型、型号/序列号,发动机或螺旋桨的类型、型号/序列号,发动机的额定值、短舱的声学处理,航空器总体尺寸(包括螺旋桨及转子的直径),发动机和 ILS 天线位置,航空器/发动机的制造符合性情况,基准条件(*MTOW/MLW*,推力(功率)、高度、空速、起飞剖面)。

（3）噪声合格审定方法：包括经局方批准的，针对被审定航空器构型的噪声符合性验证计划中的噪声合格审定方法，及每一方法的具体实施说明。

（4）试验描述：试验场的位置和特征（例如：地形、地貌及障碍物）、噪声测量点位置、每个噪声测量点的试验条件（包括天气）；航空器构型，如襟翼、减速板、起落架、重心位置，APU 使用，引气和功率提取的条件；航空器重量、高度，空速，发动机推力（功率）。发动机减推力测量点和试验条件，机身噪声测量点和测量条件，有效和无效的测量。

（5）测量系统组成和程序（包括校准程序）：包括声学、气象、时间/空间位置和飞机/发动机性能的测量。

（6）数据评定程序（包括校准、数据处理和修正程序）：包括声学、气象、时间/空间位置和飞机/发动机性能数据的评定。

（7）数据分析和标准化结果：最大横侧噪声高度的分析结果，减推力（功率）距离，机身噪声修正，发动机减推力特性，标准化的航空器数据（如 NPD 图），$EPNLr$ 值和 90% 置信限，以及航空器飞行手册页。

（8）参考资料。

另外，在试验完成之后，代表物理测量值的数据和对物理测量值进行修正所使用的数据，都要以永久的形式记录下来，并附在试验记录之后。所有的修正都要报送局方，并且要经过局方的批准，包括因设备响应偏差对测量结果所做的修正。而且申请人还必须按要求提交在获取最终数据的每一步运算中对固有误差的估计。下列试验数据必须要向局方报送：

（1）实测的和修正后的声压级。

（2）用来测量和分析所有声学性能和气象数据的设备型号。

（3）在规定的观测点上在每次试验前后立即测量的或在每次试验过程中测量的下列大气环境数据。

a）空气温度和相对湿度。

b）风速和风向。

c）大气压力。

（4）当地的地形条件、地貌和可能干扰记录的事件。

（5）航空器的下列信息。

a）航空器、发动机、螺旋桨或旋翼的类型、型号和序号。

b）航空器的总体尺寸及发动机和旋翼的位置。

c）每次试验飞行航空器的总重量和每个试验系列的重心范围。

d）每次试验航空器的构型，如襟翼、减速板和起落架位置等。

e）如果安装辅助动力装置（APU），其在每次试验飞行中是否工作。

f）发动机引气和功率提取的状态。

g）指示空速。

　　h) 发动机的性能数据。

　　对于喷气式飞机:根据飞机仪表和制造商提供的数据确定的净推力、发动机压力比、排气温度和风扇或压气机转速等发动机性能参数。

　　对于螺旋桨驱动的飞机:根据飞机仪表和制造商提供的数据确定的刹车马力、剩余推力或等效轴马力或发动机扭矩和螺旋桨转速等发动机性能参数。

　　对于直升机:每次试验飞行的发动机性能和旋翼转速。

　　i) 每次试验飞行航空器的航迹和地速。

　　j) 有可能影响航空器噪声特性的任何改装或非标准设备。这种改装或非标准设备的安装必须经过局方批准。

　　以上给出了航空器噪声合格审定的几个阶段,和申请人在审定过程中必须提交并经局方批准的资料内容。由于噪声合格审定对航空器构型有严格的要求,通常噪声合格审定试验都是在整个型号合格审定工作接近尾声的时候进行,以避免因为构型的调整导致试验数据的无效。

5.2　航空器噪声合格审定试验的设备

　　航空器噪声合格审定试验过程中需要记录航空器的噪声、航迹以及试验过程中的气象条件数据,因此相应的设备主要包括噪声测量系统、航迹测量系统和气象测量系统。

5.2.1　噪声测量系统

　　噪声测量系统主要由传声器系统、记录与重放系统、分析系统和校准系统组成,用来测量、记录和分析航空器发出的噪声信号。实际的试验可能采用多个传声器系统,其输出通过信号调节器由多通道记录/分析装置同时记录下来。这种情况下,每一个完整的测量通道都是一个噪声测量系统。通常,现在所使用的数字化设备都能够满足规章的要求。

　　1) 传声器系统

　　传声器系统用于将输入的声压信号转换成电信号,一般包括传声器,前置放大器,延伸电缆和其他必要的装置,通常情况下会使用防风罩。36 部第 A36.3.5 条规定了用于噪声合格审定试验的传声器系统所必需的工作特性。这些规定是以切向入射的频率响应近似一致的典型 $0.5\,\mathrm{in}(1\,\mathrm{in}=2.54\,\mathrm{cm})$ 电容传声器的工作特性为基础。其他满足规定性能要求的传声器也可以使用。

　　2) 记录与重放系统

　　记录与重放系统是指用于储存声压信号以便下一步进行分析的数据储存装置,如数字或磁带记录仪、计算机系统。航空器发出的声音全部以声学信号的方式完整地记录下来。第 A36.3.6 条规定了在噪声合格审定试验中存储飞机噪声信号所用的记录和重放系统的工作特性。因为所关心的噪声频带是中心频率介于 $50\,\mathrm{Hz}\sim10\,\mathrm{kHz}$ 之间的三分之一倍频程,因此,不管是数字的还是模拟的记录与重放系统,都必须能够在 40 Hz～12.6 kHz 范围内重现模拟的声学信号。并且为了保证最高频带和最低频带的整个实际带宽都包括在内,最靠近此频带范围的三分之一倍频程的中心频率也应该在包括之内。

3）分析系统

分析系统是将记录的噪声信号转换为频域信号,而且要求从 50 Hz 到至少 12 kHz 的频率范围内必须可以实时操作,其输出是作为时间函数的三分之一倍频程声压级。第 A36.3.7 条规定了飞机噪声合格审定用的分析系统所必需的工作特性。

4）校准系统

第 A36.3.8 和 A36.3.9 条规定了飞机噪声合格审定用的校准系统性能要求和噪声测量系统的校准程序。所有校准设备的性能参数标定都必须在局方认可的机构进行,以确保校准信息是可追溯的。

必须在以下时间内对噪声测量系统的设备进行标定:

（1）传声器和前置放大器（包括防风罩,如果自由场校准里有的话）:在试验前 90 天内作声压响应或自由场校准。

（2）三分之一倍频程分析仪:在试验前六个月内标定。

（3）记录器、放大器、滤波器等:在试验前六个月内标定。

（4）校准设备:在试验前六个月内标定。

5.2.2 航迹测量系统

航迹测量系统用于确定噪声测量过程中航空器的时间—空间位置,确保在最大纯音修正感觉噪声级（PNLTM）的 10 dB 降区间内,航空器的位置和所记录的噪声信号能够同步。通常所使用的方法有雷达跟踪、经纬仪三角定位、成像比例法和差分全球定位系统（DGPS）等。要求航迹测量系统必须独立于飞机自身的航迹指示系统,但并不禁止使用机载实时飞行导航系统,如微波空间定位系统、惯性导航系统（INS）、精密距离测量设备（DMU）和 DGPS。

1）雷达或微波跟踪系统

图 5-1 给出了雷达定位跟踪系统的一个例子。系统根据脉冲雷达原理工作,在航空器上有一个雷达问达机（接收器和发射机）,每一个基准站安放一个异频雷达收发机（接收器和发射机）。接收器/发射机脉冲和收到从基准站的异频雷达收发机返回的脉冲之间的时间间隔作为确定与每个基准站间距离的基础。结合已知的基准站位置,用这些距离信息就可以从三维坐标上确定航空器的位置。采用脉冲编码系统使得由反射信号的雷达干扰引起的虚假回波减至最少。

该系统在噪声合格审定过程中完成以下基本功能:

（1）持续测量航空器与四个固定地面站之间的距离。

（2）将这些距离与靶场仪器组（Inter-Range Instrumentation Group，IRIG）标准串行时间码格式 B（IRIG B）及高度信息关联起来,并将这些数据输出到一个脉冲编码调制（PCM）记录器中。

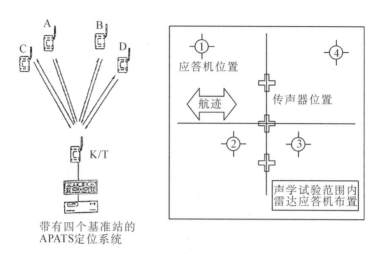

应答机位置

航迹

传声器位置

声学试验范围内
雷达应答机布置

带有四个基准站的
APATS定位系统

图 5-1　雷达/微波定位跟踪系统例子

（3）实时地将航空器的距离和高度信息转换为 X，Y，Z 的位置坐标。

（4）使用 X，Y，Z 数据驱动驾驶舱显示，为驾驶员提供操作和定位的提示信息。

坐标计算的精度依赖于航迹和雷达收发机之间的几何关系。当距离交叉时误差最小，推荐的做法是保持交叉角度接近 90°。图 5-1 中四个收发机的布置产生的位置误差是 ±1.0 到 ±2.0 m（±3 到 ±7 ft）。

当航空器高度较低时，使用微波系统会带来一些误差，使用无线电高度表可以降低这些误差。高度数据与微波系统同步记录。

在航空器上，距离测量单元计算机和无线电应答信标与半球天线相连接。天线安装在机身下方，在航空器的中心线上，尽可能靠近航空器重心。

在地面，四个信标应在航空器地面轨迹的两侧适当的布置，即应该在 30° 到 150° 角的范围内覆盖航空器（90° 最理想）。例如，两个信标可以位于噪声测量点的轴线上，距中心传声器 ±500 m（±1640 ft），另外两个在轨迹下方，距中心传声器 ±600 m（±1969 ft）。

2）摄影经纬仪系统

可以用传统的摄影经纬仪获得航空器的位置数据，也可以用由两个简化的经纬仪组成的系统，包括一部在可移动平台上的带有马达的照相机，报告方位角和高度。这些参数进行同步时间编码，并记录下每张照片的识别号码。

每 0.1 s 向中央计算机发送方位角和高度的测量值，计算每个轨迹上与时间对应的航空器位置（X，Y，Z）。

例如，对于直升机的试验，摄影站应位于离轨迹大约 300 m（984 ft）远的边线位置，在 3 个噪声测量点连线两侧 200 m（656 ft）处。

在工作区域内，这种系统在 X，Y，Z 上的精度为 ±1.5 m（±4.9 ft）。

3）雷达/经纬仪三角测量

图 5-2 用图表说明了光电子系统。该系统用一个单独的光学经纬仪提供方位角和高度,同时通过一个单独的雷达收发机的雷达跟踪系统获得距离数据。这两个来源的数据以 20 个采样/秒的速率传输到计算机,计算得到三维位置信息。系统还提供测量点磁带记录的开始和结束时间,使所有磁带记录的时间同步。系统精度大致为:水平距离(X)±2.0 m(±6.6 ft),横向(Y)±1.0 m(±3.3 ft),高度(Z)±2.0 m(±6.6 ft)。目视下滑指示器和地速的不确定度是 ±0.1°和 ±0.9 km/h(±0.5 kn)。

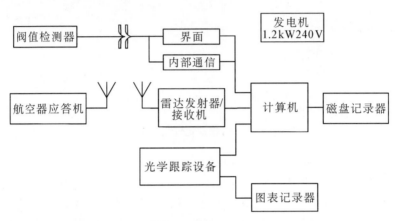

图 5-2   雷达/光学定位跟踪系统

4) 成像比例法

噪声合格审定试验验证过程中,航空器的航迹可通过地面照相机和由机载无线电或气压高度表提供的、作为时间函数的高度数据相结合来确定。

例如,此方法在直升机的试验中,三部照相机沿着预定的轨迹放置,一部靠近中心传声器位置,另外两部靠近两个 10 dB 降点,一般是在传声器两侧 500 m(1 640 ft)处,这要根据所使用的飞行程序确定。照相机垂直安装并经过标定,使直升机经过上空时获得的图像大小能够确定其高度。重要的是,每部照相机拍照的时间要和机载的数据采集系统同步。只有这样,航空器飞过每部照相机上空时的高度才能与从图像上获得的高度联系起来。

航空器的基准尺寸应该尽可能大以使照片上的图像尺寸最大化,但要谨慎地选择和使用,避免航空器的位置误差。对于直升机来说,如果不考虑因主旋翼成锥形(旋翼弯曲)、桨盘的倾斜或机身的俯仰引起的图像缩小,将会导致高度以及横向和纵向的测量误差。

可以在每部照相机上方足够的高度上设置一条直线,垂直于预定轨迹,能够使得该线和航空器都能在照片上清晰成像。通过在直线上粘贴标记,标出垂直位置的两侧每 5°间隔的角位移,就能够获得直升机经过照相机上方时的横侧偏移量。

此外,通过飞过三个照相机时的同步时间,可以确定航空器的地速,供以后持续时间修正使用。

系统的整体精度是：高度±1.0％，纵向和横向位移±1.3％，平均进场/爬升角度和平均地速分别为±0.25°和±0.7％。

5) DGPS——基于时间和空间定位信息(TSPI)的跟踪系统

在航空器上使用传统的全球定位系统(GPS)接收机获得 TSPI 得不到足以满足噪声合格审定试验所需的精度。然而，结合使用来自于另一个固定位置 GPS 接收机的数据，可以大大提高精度。这就是所说的差分 GPS(DGPS)系统。审定局方要根据申请人提出的硬件、相关软件、安装和操作规范批准使用 DGPS 系统。

这个系统典型的硬件是地面和航空器上的 GPS 接收机和天线，地面数据链发射机、天线和航空器上相应的接收机、天线，机上电脑、电池和电源(见图 5-3)。机上电脑运行的软件用于控制/显示和数据存储。地面电脑通常需要对 GPS 接收机进行初始化，但不必连续工作。

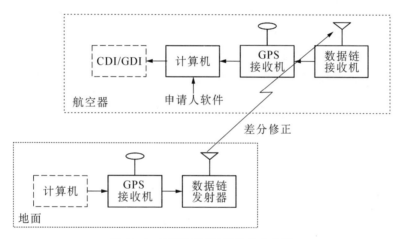

图 5-3　DGPS TSPI 系统基本构架

除了生产后处理所需的飞机基准数据以外，一些申请人的系统还为飞行员提供航空器导航的信息。将测量的航空器位置与预期的基准航迹进行比较，并将操纵指令送至为 DGPS 系统安装的偏航指示器(CDI)/下滑道偏离指示器(GDI)。

图 5-3 所示的基本构架也可能有些变化。比如，可能取消数据链单元，飞行过程中从两台 GPS 接收机采集和存储数据，飞行结束后，再在独立的电脑上对这些数据进行后处理。可是，没有数据链，DGPS 的数据就不能用于航空器导航，机上的操作人员也不能快速回看 DGPS 的相关结果。

GPS 定位结果是属于 WGS-84 大地坐标系的坐标，测量结果通常需要转换到其他坐标系下使用。多数 GPS 接收机可以输出由 WGS-84 位置信息转换到不同的几何坐标系中的坐标。

5.2.3　气象测量系统

由于噪声的传播受气象条件的影响很大，非基准气象条件的正确测量，以及该条件下噪声数据的相关修正,对于获得正确、一致和可重复的试验结果是至关重要的。所以必须在噪声测量过程中,同时测量地面和从飞机到测量点之间整个传声路径上的气象条件,包括大气温度和湿度。

地表的温度和相对湿度受多种因素影响,包括太阳辐射,地表风,局部加热或冷却,局部湿度的增加或减少等等,因此,地面气象测量在高于地面 10 m 处进行,以避免地面经常发生的局部反常的情况影响测量结果,并假设从地面到测量点之间的气象条件是恒定的。另外,地面气象条件还包括对风速和风向的测量。因为噪声测量值无法对风速和风向进行修正,所以规章对风速、风向的要求非常严格,超出限制就会直接导致噪声测量数据无效。

如果试验现场存在反常的风,就不能进行噪声合格审定试验。反常的风不仅包括阵风和湍流,还包括风切变,强垂直风和在飞机所处的高度和声传播路径上的强侧风。申请人有可能被要求测量高空的风象。

气象测量系统通常包括温湿度传感器、露点仪、风向风速传感器、侧风传感器等。如果要使用距离噪声测量点 1.5 km 之内的机场气象站等其他设施来获取试验现场的气象数据,必须要得到局方的批准。通常这些设备因不具备以下条件而无法获得批准:

(1) 近期可接受的气象测量系统的校准。

(2) 满足采样要求的实时记录系统。对于风速和风向的测量,至少每秒采样一次;对于温度、相对湿度和气压的测量,至少 10 s 采样一次。

(3) 具有足够精度和响应时间的气象测量系统。使用的测量系统应该满足下列测量容限。

　　a) 风速:3.7 km/h(2.0 kn)以上或±2.0 km/h(±1.1 kn)。

　　b) 风向:±5°。

　　c) 温度:±0.5℃(±1.0°F)。

　　d) 相对湿度:±3%。

　　e) 大气压力:±5 kPa。

另外,风速和风向传感器最小工作门槛值应为 3.7 km/h(2.0 kn)。平均风速和风向必须基于 30 s 平均值(或均值过滤器)来确定。最大风速必须由每秒对瞬时风速传感器的输出采样确定。温度、湿度和气压传感器的响应时间不应大于 10 s。气象测量系统组件必须高于地面 10 m。

5.3　试验场地的选择

36 部中对试验场地要求不高,基本要求只有"比较平坦的地带,并且没有茂密或高大的草、灌木以及树木之类有较强吸声特性的物质",加上传声器所处位置和周边区域内没有障碍物的要求。由于运输类大飞机和喷气式飞机所需试验场地的空间范围较大,对障碍物的要求是在以传声器地面投影为顶点的锥形空间内,不得有

显著影响飞机声场的障碍物。锥形空间的范围是：轴线与地面垂直，半角为 80°（对
于附件 G 的螺旋桨小飞机和螺旋桨通勤类飞机，该锥形空间的半角是 75°），如图 5-4
所示。对于附件 H 和附件 J 的直升机来讲，只要求在噪声测量范围内的全部航迹到
测量点之间没有障碍物。根据这些要求，试验场地不一定选在机场附近。

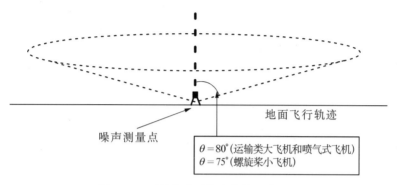

图 5-4　不得有障碍物存在的锥形空间

　　然而，实际上试验场地的选择往往不是这么简单。虽然不是必须的，但在具备
飞机支援设施的机场进行试验会给试验带来许多便利条件，比如仪表着陆系统可以
有效地给飞行员提供航迹导引，在有塔台控制的交通条件下进行试验会更为安全。

　　在选择试验场地上最严格的限制就是天气。规章中对风速、温度和相对湿度的
限制使得某些地方在一年中的大部分时间里不能进行噪声合格审定试验。干扰噪
声测量的大量空中交通流量也是在选择试验场地时要考虑的重要因素。还有很重
要的一点，就是不要选择在飞行活动会引起社区强烈反应的地方进行试验。另外还
要考虑周围的环境噪声、是否便于布置传声器、是否便于观察和飞机定位监控，以及
飞行视野是否良好等因素。

　　试验场地应该平整，不允许有土堆、沟槽等，以免其造成的声反射影响声压级的
测量。为了防止地表条件过多地吸收地面反射的飞机噪声，在噪声测量点周围半径
7.5 m（25 ft）区域内的草必须割除（高度不超过 8 cm（3 in）），沙土表面必须夯实，不允
许表面有沟槽、泥浆和浮土。在有积雪的情况下，噪声测量点周围 15 m（50 ft）范围
内的积雪必须清除，而且不能堆放在飞行路线一侧。需要注意的是，在噪声测量的
过程中，试验人员如果足够靠近测量点的话，也可能形成"障碍物"，影响被测的噪
声值。

第6章 运输类大飞机和喷气式飞机噪声合格审定试验

36 部的附件 B 规定了运输类大飞机和喷气式飞机噪声合格审定中噪声测量和评定的要求,以及噪声合格审定试验程序。运输类大飞机和喷气式飞机噪声的评定度量是有效感觉噪声级(EPNL),单位为 EPNdB。

6.1 基准试验条件

为了确保航空器噪声符合性试验的一致性,并使不同型号的飞机在不同地理位置进行的试验具有可比性,36 部对噪声合格审定试验的基准条件和基准程序做了规定。由于降水、风、温度、相对湿度以及随高度变化的风速和温度梯度对声音的传播都有显著的影响,因此,规章中的试验基准条件主要规定了这些大气条件。噪声合格审定试验的基准试验条件为:

(1) 海平面大气压力,101.325 kPa(2 116 lb/ft²)。

(2) 外界大气温度 25℃(77℉),即,国际标准大气+10℃。

(3) 相对湿度 70%。

(4) 无风。

(5) 跑道坡度为 0。

噪声合格审定试验的基准程序也都是基于这些基准条件制定的。具体基准程序我们在后面各类航空器噪声合格审定的章节中再分别介绍。

但是规章允许在较宽范围的大气条件下进行试验,并且通过数据修正程序将试验结果修正到基准条件下。具体试验条件我们也在后面的章节介绍。

6.2 基准噪声测量点

运输类大飞机和喷气式飞机的噪声合格审定是所有航空器类别中最为复杂的,要对飞机的横侧噪声、飞越噪声和进场噪声进行测量和评定。

1) 横侧基准噪声测量点

对于喷气式飞机来讲,该点在与跑道中心线平行,距离跑道中心线 450 m 的边线上,是飞机离地后噪声级最大的点。对于螺旋桨飞机而言,该点位于跑道中心线的延长线上,对应以全起飞功率爬升至 650 m 高度的点。

2）飞越基准噪声测量点

该点位于跑道中心线的延长线上，距起飞滑跑起点 6 500 m。

3）进场基准噪声测量点

该点位于跑道中心线的延长线上，距跑道入口 2 000 m。

具体的基准噪声测量点如图 6-1 所示。

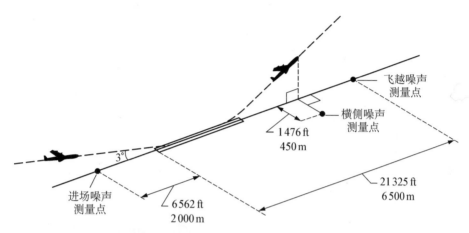

图 6-1　运输类大飞机和喷气式飞机噪声合格审定基准噪声测量点

6.3　基准航迹

1）起飞基准航迹

起飞基准航迹是评定飞机的飞越和横侧噪声所使用的爬升航迹，是根据飞机在基准大气条件下正常运行时可获得的最大推力/功率计算出来的。典型的起飞剖面如图 6-2 所示。图中飞机从 A 点开始滑跑，在 B 点以全起飞推力/功率离地。爬升角在 B 点和 C 点之间逐渐增加，在 C 点之后保持恒定。如果使用减推力/功率起飞，则在 D 点开始降低推力/功率，到 E 点之后，飞机的推力/功率和爬升角再次达到稳定，飞机以恒定的角度继续爬升至噪声测量的终点 F。K_1 点为飞越基准噪声测量点，距离 A 点 6 500 m。

最大起飞推力/功率在飞机飞行手册的性能部分中给出。对于飞越噪声试验，申请人可以考虑在飞机起飞爬升达到下列距离跑道的高度后，降低推力/功率，

（1）发动机数多于三个的飞机——210 m（689 ft）。

（2）发动机数为三个的飞机——260 m（853 ft）。

（3）发动机数少于三个的飞机——300 m（984 ft）。

但不能低于保持飞机在一发失效时水平飞行，或者所有发动机都工作时保持 4% 的爬升梯度（取大者）所需的推力/功率。而对于横侧噪声试验，则必须在整个噪声测量过程中，都使用最大起飞推力/功率。

起飞基准速度是所有发动机都工作时的正常爬升速度。起飞构型由申请人选

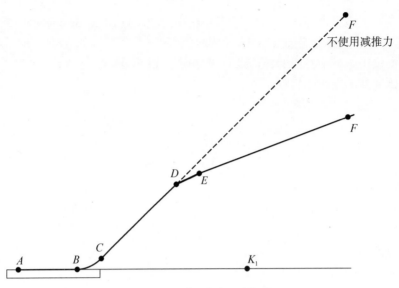

图 6-2　典型的起飞剖面

定,但必须是在飞行手册中记录的适航批准构型,并且在整个起飞程序中必须保持。松刹车时飞机的重量是型号合格审定的最大起飞重量。

　　2) 进场基准航迹

　　进场基准航迹就是 3°的下滑道,如图 6-3 所示。飞机从 G 点开始稳定下滑,通过 H 点到达 I 点,并在 J 点接地。K_3 点是进场基准噪声测量点,距离跑道入口 O 点 2000 m。

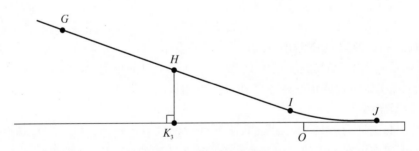

图 6-3　典型的进场剖面

　　飞机的重量是临界进场构型所允许的最大着陆重量。临界进场构型即是航空器在进场阶段能产生的最高噪声级的构型,可根据适当的噪声测量数据的评估及经验,或是其他飞机型号的相似性来确定。必须考虑襟缝翼的位置、环控系统工作、起落架放下、APU 工作以及压气机放气调整到最大配平限制等情况。进场速度应保持在 $V_{REF}+10$ kn。

6.4 试验程序

虽然规章规定了基准大气条件,但还是允许在较宽范围的条件下进行试验,之后通过数据修正程序将试验结果修正到基准条件下。允许进行试验的基本大气条件为:

(1) 无降水。

(2) 在高于地面 10 m 处与飞机之间的整个传声路径上,大气温度在 −10℃ ~ 35℃之间,相对湿度在 20%~95%之间,并且不会使中心频率为 8 kHz 的三分之一倍频程上的声衰减大于 12 dB/100 m。

(3) 高于地面 10 m 处最大风速 28 km/h(15 kn),最大侧风 18 km/h(10 kn),30 s 平均风速 22 km/h(12 kn),侧风平均风速 13 km/h(7 kn)。

(4) 没有对噪声测量有显著影响的异常大气条件。

当然还必须考虑仪器设备正常工作的环境要求。

对于飞越噪声和进场噪声的测量点,基准程序规定得很明确,在进行试验时可以直接将测量点布置在基准噪声测量点上。而对于横侧噪声的测量,必须在边线上布置足够多的测量点,以确定最大横侧噪声级,通常需要 5~10 个横侧噪声测量点。同时,对于喷气式飞机,为了考虑对飞机位置的修正,需要在跑道的另一侧布置一个对称的测量点。而对于螺旋桨飞机来讲,由于螺旋桨的转向造成了横侧噪声不对称的固有特性,因此,所有的横侧噪声测量点都必须相对于跑道对称布置。跑道两侧的测量点在纵向±10 m 的范围内被认为是对称的。图 6‑4 为横侧噪声测量点布置示意图。

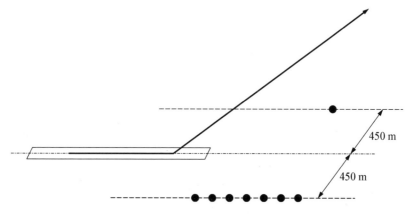

图 6‑4 横侧噪声测量点布置

飞越、横侧和进场噪声试验是相互独立的,申请人可根据实际情况安排单独进行或穿插进行各项飞行试验。如果选择全功率起飞剖面表明飞越噪声的符合性,则可同时对飞越噪声和横侧噪声进行测量。

每次噪声测量都应事先确定目标试验条件。这些条件包括:飞行程序、所选择的气动构型、飞机重量、发动机推力(功率)、空速以及与噪声测量点最接近时飞机的高度等。局方允许飞机在飞越测量点试验时高度有±20％的容差,相对于跑道中心线延长线有±10°的横向容差。这就降低了在有风的条件下因偏离目标航迹而必须重新试验的风险。结合爬升梯度和进场角,这些航迹偏差限制就定义了在整个噪声测量过程(10 dB 降期间)中飞机的"航路"。如图 6-5、图 6-6 所示。

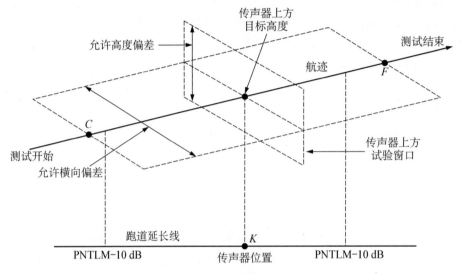

图 6-5　起飞航迹容差

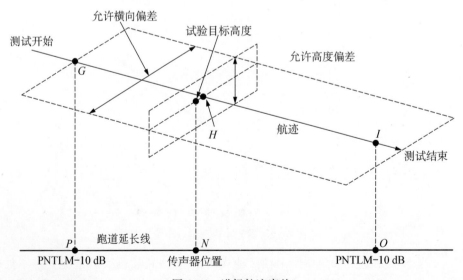

图 6-6　进场航迹容差

在噪声测量过程中,如果飞机飞出了经批准的航迹包线,则所测得的噪声数据是无效的,必须重新进行测量。

为了能使每个噪声合格审定级在统计上所确立的 90％ 置信限都不超过 ±1.5EPNdB,必须在每个噪声测量点(飞越、横侧和进场)的噪声测量至少重复 6 次,也就是说每项试验都要重复 6 次以上,以便获得足够的样本数量。

如果要使用减推力来表明飞越噪声的符合性,还必须另外进行发动机转速下降试验,以确定发动机从起飞推力/功率降至减推力/功率的平均时间。该项试验应该在距地约 3 000 ft 的高度进行,空速与起飞基准空速相当,测量从平均起飞推力/功率降到减推力/功率的转速下降时间。试验重复至少 6 次。申请人在确定减推力/功率的基准航迹时,除了要考虑发动机转速下降时间以外,还应考虑飞行员移动油门杆之前,有 1 s 的反应延迟时间。

6.5　噪声限制

对于第三阶段的运输类大飞机和喷气式飞机,在噪声合格审定试验中获得的噪声数据经过经批准的修订程序修订至基准条件后,得到的 EPNL 值不能超过表 6-1 所列出的数值。图 6-7 分别给出了横侧、进场和飞越噪声限制值与飞机最大起飞重量的关系曲线。

表 6-1　第三阶段运输类大飞机和喷气式飞机噪声限制值

M 最大起飞质量(1000 kg)		0	20.2	28.6	35	48.1		280	385	400
横侧噪声级/EPNdB		94			$80.87 + 8.51\log M$					103
进场噪声级/EPNdB		98			$86.03 + 7.75\log M$				105	
飞越噪声级/EPNdB	少于 3 发		89		$66.65 + 13.29\log M$					101
	3 发		89		$69.65 + 13.29\log M$					104
	多于 3 发	89			$71.65 + 13.29\log M$					106

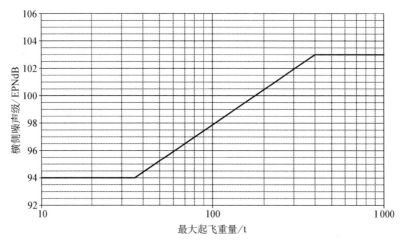

(a)

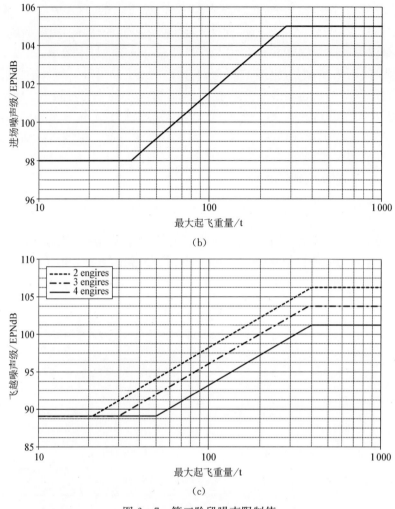

图 6-7 第三阶段噪声限制值

（a）横侧噪声级 （b）进场噪声级 （c）飞越噪声级

对于第四阶段的运输类大飞机和喷气式飞机,其噪声限制值直接引用了 ICAO 附件 16 第I卷第 4 章的要求,是在第三阶段噪声限制值的基础上制定的。要求在每个测量点都不能超出相应的第三阶段噪声限制值,并且修正之后的噪声测量值与相应第三阶段限制值的差值总和不能小于 10 EPNdB,任何两点差值之和不能低于 2 EPNdB。

6.6 综合评定

在确定对第三阶段最大噪声级(噪声限制值)要求的符合性时,允许采用综合评定方法。如果能够被其他噪声测量点噪声级的降低所补偿时,在一定限度内超过飞越、横侧和进场的噪声限制值是允许的。具体要求是:

（1）超出值的总和不得大于 3 EPNdB。

（2）任一点处的超出值不得大于 2 EPNdB。

（3）任何超出值必须有其他一点或各点的减少量抵消。

下面用一个具体的例子说明如何使用综合评定：

第三阶段飞机，安装 3 台发动机，飞机最大起飞重量 300 000 lb（136 t）。按照表 6－1 确定的噪声限制值、实测噪声级和综合评定值如表 6－2 所示。

表 6－2　综合评定表

测量点	第三阶段噪声限制	实测噪声级	差　值
飞越	98.00 EPNdB	99.83 EPNdB	＋1.83 EPNdB
横侧	99.02 EPNdB	98.19 EPNdB	－0.83 EPNdB
进场	102.56 EPNdB	101.54 EPNdB	－1.02 EPNdB

由表中可以看出只有飞越噪声超出了噪声限制值 1.83 EPNdB，而横侧和进场噪声的减少量分别是 0.83 EPNdB 和 1.02 EPNdB，总的减小量为 1.85 EPNdB，可以抵消飞越噪声 1.83 EPNdB 的超出量。因此，通过采用综合评定，这架飞机符合 36 部第三阶段飞机的最大噪声级（噪声限制值）的要求。综合评定分析取小数点后 2 位。

6.7　等效程序

上述的试验程序看似简单，但在实际操作中往往会受到很多限制。比如说，飞越噪声测量点要距离起飞滑跑起点 6 500 m，进场噪声测量点位于跑道入口外 2 000 m，而横侧噪声测量点位于距离跑道中心线 450 m 的平行线上的噪声最大点，为了能确定这一点需要在这条线上布置 5 到 10 个测量点。跑道周边的这些位置未必都能够符合作为测量点的条件。而且在这么大的范围内进行噪声的测量也并不是件容易的事，设备的布置和数据的处理难度都很大。另外，每次飞机的起飞和着陆都会占用大量的时间，使得整个试验的过程拖得很长。为了避免这些问题，36 部允许运输类大飞机和喷气式飞机的噪声合格审定使用等效程序。

所谓等效程序，就是不同于标准试验程序，但通过审定部门的技术评判，实质上可以有效地获得与其相同的审定噪声级的试验程序。

6.7.1　航迹切入程序

航迹切入程序可以作为等效程序代替前面描述的完整起飞及着陆剖面。在该程序中，每次进行飞越和横侧噪声测量时，飞机不必从跑道上的静止位置开始，进场噪声测量时也不必着陆。在整个试验过程中，飞机一直保持飞行。航迹切入程序可用于所有的噪声试验，包括飞越、横侧和进场噪声测量。由于航迹切入程序不需要进行实际的起飞和着陆（在大总重的情况下可以降低费用和便于操作），因此可以减少大量的试验时间。在较短的试验周期内使试验过程中气象条件稳定的可能性更大，飞机磨损和燃料消耗更少，并可以提高获得的噪声数据的一致性和品质。同时，该程序也为试验场的选择提供了很大的灵活性。目标飞机的高度,发动机推力(功率),飞越传声器时的高度,固定的构型等在使用航迹切入程序时与从跑道静止开始的标准程序相同。

图 6-8(a)给出了一个典型的起飞剖面。飞机在 A 点开始稳定地平飞,至 B 点使用起飞功率,开始爬升。在 C 点达到稳定的爬升条件,切入预期的目标起飞航迹并且持续到噪声合格审定起飞航迹结束。D 点是建立目标航迹理论上的起飞离地点。如果要使用减功率,则 E 点就是减功率起点。F 点是噪声合格审定起飞航迹的终点。TN 是与 K 点的噪声测量同步进行的飞机位置测量的距离。

进场时,飞机通常沿着计划好的航迹飞行,同时保持稳定的构型和功率,直到 PNLTM 的 $10\,dB$ 降之外。飞机接着进行盘旋而不继续着陆[见图 6-8(b)]。

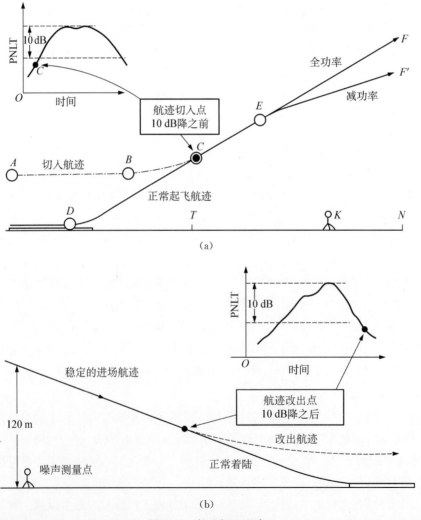

图 6-8 航迹切入程序

(a)起飞航迹(切入) (b)进场航迹(改出)

6.7.2　横侧噪声试验程序

使用规章中规定的噪声测量基准程序确定横侧噪声的最大点需要在边线上布置 5 到 10 个测量点，每点间隔 100 m 左右。同时为了考虑对称性，还要在其中一点相对于跑道中心线对称的位置布置一个测量点，如图 6 - 4 所示。每次横侧噪声测量都可以得到不同距离上的多个噪声测量数据（与布置测量点的数量相同），再根据这些数据的二次曲线拟合来确定最大横侧噪声级和产生的位置。

可以看出，飞机飞越每个测量点时的高度与测量点的位置是相互对应的，飞机的横侧噪声值也可以看作是飞机高度的函数。我们可以相对于跑道中心线对称地布置两个测量点，让飞机每次以不同的高度通过其上方（见图 6 - 9），就可以得到作为高度函数的噪声测量值，同样能够通过二次曲线拟合确定最大横侧噪声级和发生的高度，如图 6 - 10 所示。

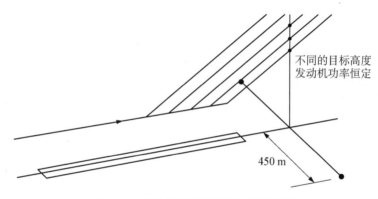

图 6 - 9　等效的横侧噪声试验飞行剖面

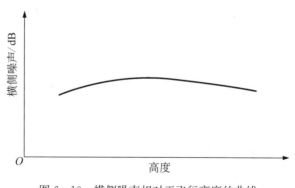

图 6 - 10　横侧噪声相对于飞行高度的曲线

6.7.3　飞越和进场噪声试验程序

飞机飞越和进场的噪声试验其实就是要确定特定距离和功率下的噪声级，如果能够建立一个噪声－功率－距离数据库，就可以获得覆盖一定距离和发动机推力（功率）设定范围的噪声审定数据，这就是 N－P－D 数据库。通过 N－P－D 数据库获得基准条件下的审定噪声级的方法就称为 NPD 方法，使用这个方法进行噪声合格审定，飞机进行飞行试验的目的就是要获取建立 N－P－D 数据库所需的数据。

国外从 20 世纪 70 年代就开始在民机噪声合格审定试飞中使用 NPD 方法，积累了大量成熟的经验。建立 N－P－D 数据库的试验方法也有多种，飞机分别以不同推力（功率）和爬升角（或进场角）通过噪声测量点上方同一个高度，是建立飞越和进场 N－P－D 数据库时通常使用的一种试验方法。目标试验航迹如图 6－11 和图 6－12 所示。飞越试验中目标高度的选择是在保证能够获得 10 dB 降的噪声数据情况下，尽量地靠近地面，以获得更好的信噪比。而在进场试验中，可直接用基准高度作为目标高度。

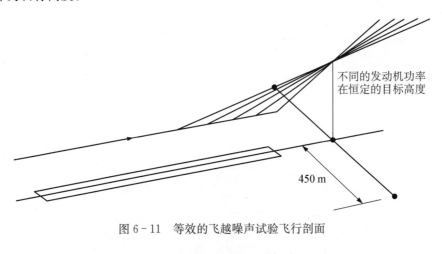

图 6－11　等效的飞越噪声试验飞行剖面

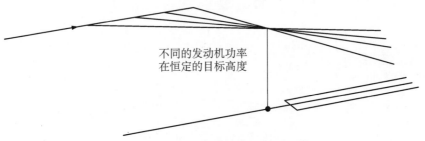

图 6－12　等效的进场噪声试验飞行剖面

通过对获得的噪声测量值进行修正和分析，就可以得到选定高度上的噪声—功率曲线。再通过计算，在一定距离范围上拓展这条曲线，就可以形成 N－P－D 数据库。图 6－13 就是典型的飞越和进场噪声的 N－P－D 图。

需要说明的是，使用 NPD 方法必须获得足够多的推力（功率）设定下的噪声测量值，以便能够进行二次或三次的曲线拟合。在曲线拓展的过程中，还有可能需要进行必要的附加试验。因此，使用 NPD 方法，数据计算和分析的工作量和复杂程度要比基准方法大很多，但是建立了广义的 N－P－D 数据库以后，就会给衍生型号的

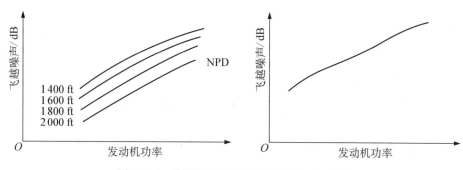

图 6-13　典型的飞越和进场噪声 N-P-D 图

噪声合格审定带来很多便利,只需进行少量的补充飞行试验对 N-P-D 数据库进行修正,甚至无需试验就可以完成衍生型号的噪声合格审定。

6.7.4　使用等效程序的相关规定

等效程序的使用必须得到局方的批准。FAA 在其 ORDER 8110-4C 中明确地指出,FAA 不事先批准通用的等效程序,NPD 方法只是概念性的,其特定的应用必须事先得到批准。

申请人使用等效程序的提议应该包括在航空器噪声合格审定计划中,尽早提交给局方。这些提议可能包含新的程序或以前使用过的程序,并且必须被证实能够与36 部中的程序获得相同的审定噪声级。局方在批准等效程序之前,要对申请人有效实施这些程序的能力以及这些程序对被审定型号的适用性进行评估。从以往的经验看,由于等效程序的复杂性,往往需要大量的时间和资源对其进行评估,也可能需要补充数据及资料来证明程序的有效性。因此,使用等效程序的审批过程可能需要比较长的时间。

总之,航迹切入程序和 NPD 方法的使用,为试验场地的选择增加了灵活性,可以有效地缩短试验时间,降低试验成本,而且获得的 N-P-D 数据库还可用于未来衍生型号的噪声合格审定,但同时也增加了试验以及后续数据分析和修正的复杂性和难度。因此,申请人应该根据自身的需求和能力,合理地选择噪声合格审定的符合性方法。

第7章 螺旋桨小飞机和螺旋桨通勤类飞机噪声合格审定试验

36部的附件G规定了螺旋桨小飞机和螺旋桨通勤类飞机噪声测量和评定的要求，以及噪声合格审定试验程序。

7.1 基准试验条件

起飞基准航迹是按照下列基准大气条件计算得到的：

(1) 海平面大气压力101.325 kPa。

(2) 外界大气温度15℃(59℉)。

(3) 相对湿度70%。

(4) 无风。

在15℃(59℉)和70%相对湿度的条件下，声音从飞机传到地面上时很少被吸收，代表了噪声合格审定最严酷的情况。

7.2 基准噪声测量点

基准噪声测量点位于跑道中心线的延长线上，距离起飞滑跑起点2500 m处。

7.3 基准航迹

为了便于进行分析，基准航迹被划分为两个阶段，即起飞阶段和爬升阶段。

第一阶段，也就是起飞阶段，是从松刹车点到飞机离地，在跑道上方15 m处。在这个阶段必须使用起飞功率，并且保持申请人所选择的起飞构型不变。松刹车时飞机的最大重量是噪声合格审定要求的最大重量。

第一阶段结束后，紧接着就是第二阶段。飞机构型为爬升构型，收起起落架(对于可收放起落架)，襟翼在正常爬升位置，飞机的速度是最佳爬升率速度(V_y)。对于定距螺旋桨的飞机，在整个第二阶段要保持起飞功率。而对于变距螺旋桨或恒速螺旋桨的飞机，在整个第二阶段除了要保持起飞功率外，还必须保持起飞转速。如果适航限制不允许飞机在到达基准噪声测量点之前一直使用起飞功率和转速，则要在限制所允许的最大使用时间内保持起飞功率和转速，之后保持最大连续功率和转速。基于每一功率设定对应的假设爬升梯度计算出基准航迹。

　　基准航迹是假设的情况，比正常的起飞和爬升航迹简单得多，仅用于航空器的噪声合格审定。典型的基准航迹和试验航迹如图 7-1 所示。这里假设在试验中使用了航迹切入程序，航空器以恰当的速度和爬升角直接切入基准航迹的第二阶段。

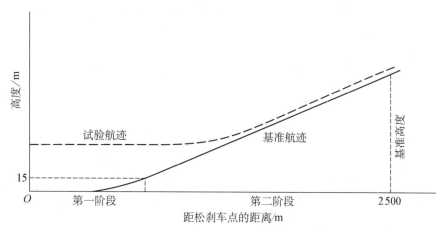

图 7-1　典型的基准和试验航迹

7.4　试验程序

　　试验场地要求场地平整，没有茂密的杂草、灌木或树丛等能造成过大吸声特性的地形、地貌。测量点上方的锥形空间（半角 75°）内，不得有显著影响飞机声场的障碍物。

　　为了在为申请人提供最大的灵活性的同时，确保结果的可重复性和对噪声测量及修正影响最小，规章允许进行试验的大气条件为：

　　（1）无降水。

　　（2）周围大气温度在 22～35℃（36～95℉）之间，相对湿度在 20％～95％（含）之间。

　　（3）风速不超过 19 km/h（10 kn），并且侧风不超过 9 km/h（5 kn），用平均 30 s 确定；

　　（4）在要求的测量点记录时，没有对噪声测量有显著影响的异常大气条件，如温度逆增或异常的风等。

　　气象测量应该在地面以上 1.2 m 和 10 m 之间进行，考虑到螺旋桨小飞机的要求不像运输类大飞机和喷气式飞机那么复杂，允许使用手持设备进行气象测量，但不反对使用喷气式飞机噪声合格审定中用于测量气象条件的复杂设备。如果测量点距离机场气象测量站不超过 1.85 km（1 n mile），则可以使用该气象站的气象数据。如果所使用的仪器不能提供足够的信息来计算侧风，则限制任何方向的风速都在 5 kn 以内。

　　温度和相对湿度可以用干湿球温度计来测量。试验过程中要进行足够多次的测量，为以后噪声测量数据的修正提供支持。通常，气象测量的间隔不应超过1 h。并且，在一系列试验中的第一次飞行前和最后一次飞行后要立即进行测量。负责进行试验的人员应关注气象条件的变化，以免出现大气条件超出限制范围，造成噪声测量数据不可接受。

在准备使用机场的气象测量设备提供的气象数据时，必须要证实该设备近期经过校准，能够提供可靠的信息，并且其所提供的测量数据可以代表传声器附近的气象条件。另外，该设备必须要得到局方的批准。

反常的风象可以通过测量飞机爬升时空速的变化来估计。如果风象保持不变，或风速和风向随高度缓慢变化，就比较容易保持一个恒定的爬升速度。但是如果风速变化剧烈（风切变），或者存在上升和下降的气流时，空速就会有很大的变化，难以控制。规章允许在飞越期间相对于基准速度±5 kn的变化，这个标准可以用来评定是否有反常的风象出现。

规章对传声器系统、记录和重放系统以及校准系统的要求，现代的数字化设备基本都可以满足。可以参考运输类大飞机和喷气式飞行噪声合格审定试验中的相关信息。

与运输类大飞机（附件A）和直升机（附件H和J）要求传声器的敏感元件高于地面1.2 m不同，附件G的试验要求传声器倒置安装，其薄膜平行于一个涂白漆的金属圆盘，在其上方7 mm。这个金属圆盘直径40 cm，至少2.5 mm厚。圆盘水平放置，并与周边的地面齐平，圆盘下方不得有空隙。传声器安装在与试验飞机飞行方向垂直的半径上，从圆盘中心到外缘3/4半径处。图7-2是一个传声器倒置安装的典型例子，包括传声器支架和圆盘的设计构造。传声器支架的支腿要固定在圆盘上，不能使传声器支架在试验中产生振动。圆盘必须涂成白色以反射太阳光，降低传声器敏感元件的热效应。可以用一个类似硬币的金属垫片作为工具，调整传声器感应薄膜与圆盘间距。垫片的厚度为7 mm减去传声器保护格栅与薄膜的间距。

传声器的灵敏度是随声音的频率和入射传声器的角度变化的。为了得到一致性的结果，必须恰当地设置传声器以使这些变化不会影响测量的噪声级。传声器近地平面的安装可以将传声器的薄膜完全置于有效声压场之内，能够大大减小传声器固有反射声波的干扰。对于安装在距地1.2 m高处的传声器，这些干扰通常出现在螺旋桨驱动飞机噪声最显著的频率区域。这个有效声压场的深度会随着频率和传感器的尺寸改变而改变，对于螺旋桨小飞机的噪声合格审定来讲，7 mm的间隙是相关技术考虑的最佳折衷方案。

圆盘在地面安装时，要确保圆盘之下的地面平整没有空隙。可以用这样的方法，就是在要安装的地方，轻轻地将圆盘压入地面，然后将圆盘取走，确认下面是否有凹坑。如果有凹坑可以用沙土等材料填满，以使圆盘下面均匀平整。同时也要注意确保圆盘的边缘和周围的地面齐平。有时，也可以在安装之前用水将土壤弄湿，使其表面自动按圆盘成型。在这种情况下，应该等到地面干了以后才能进行声学测量。

传声器支架的设计应使其对飞机传到传声器附近的声波干扰最小。如果使用如图 7-2 所示的支架结构,支腿的数量应该限制在三或四个。支腿的直径不能超过 2 mm。理想的传声器支撑环应该尽可能小,并且具有某种紧固装置,如固定螺钉,便于调整传声器薄膜在圆盘上方的高度。支架必须稳固,并且必须使传声器薄膜与金属盘平行。如果传声器的电缆在引出圆盘的时候需要额外的支撑,这样的支撑应该尽可能小,并且要尽可能远离圆盘。传声器电缆应直接引出,避免穿过金属盘上方。

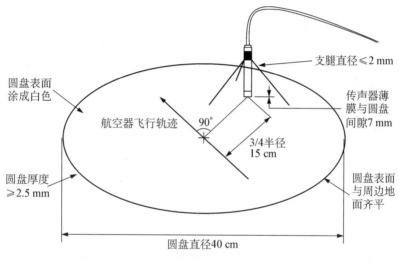

图 7-2 1/2 in 传声器倒置于圆盘之上的布置

当风速超过 5 kn 时,必须使用防风罩。为了适应传声器在圆盘上方的安装,可能要将商用的球形防风罩切割成半球状。建议一直使用防风罩,不仅是因为防风罩可以给传声器额外的保护,而且当风速在 5 kn 左右波动时,测量可以连续进行。这时,申请人必须要提供防风罩插入损失的数据修正。

在每个试验日开始和结束时,都必须进行声学校准,以检验噪声的传感、测量和记录设备是否保持了良好的品质和灵敏度。如果当在试验日结束时进行校准得到的声级与试验日开始的相差在 ±0.1 dB 之内,可以断定系统灵敏度没有过度漂移,试验结果可以接受。如果两次校准得到的声级相差超过 ±0.1 dB,但在 ±1.0 dB 之内时,所有的测量数据都要进行校准漂移调整:用试验开始时测量的校准信号级减去试验结束时测量的校准信号级,将差值除以 2,然后将得到的校准漂移调整量加到所有测量的声级上。如果两次校准得到的声级相差超过 ±1.0 dB,则测量数据无效。

在进行试验之前,必须在测试区域进行环境噪声的测量和记录,包括声学背景噪声和测量系统的电噪声,以确保测量的航空器噪声级至少比组合的背景噪声高 10 dB(A)。

噪声测量点布置在基准测量点上,即位于跑道中心线的延长线上,距离起飞滑跑起点 2500 m 处。飞行航迹偏差的容许范围是在相对于垂直方向±10°和在基准高度±20%的范围之内飞越测量点。

必须进行 6 次以上的飞越试验,以获得至少 6 个噪声测量数据。审定噪声级由这些噪声级的算术平均确定。所有有效的数据都要计入平均过程,没有局方的批准,不允许随意排除试验数据。用已知的统计方法对平均过程进行检验,计算出来的 90%置信限不超过±1.5 dB(A),试验结果才是可接受的。

7.5　噪声限制

对于 2007 年 4 月 15 日以前收到最初型号合格审定申请的单发和多发螺旋桨小飞机和螺旋桨通勤类飞机(第 G36.301 条(b))的噪声限制值如表 7 - 1 所示。

表 7 - 1　第 G36.301 条(b)的噪声限制值

M 最大起飞质量/1000 kg	0	0.6		1.4		8.618
噪声级/dB(A)	76	$83.23 + 32.67 \log M$		88		

而对于 2007 年 4 月 15 日及以后收到最初型号合格审定申请的单发螺旋桨小飞机和螺旋桨通勤类飞机(第 G36.301 条(c))的噪声级限制值如表 7 - 2 所示。

表 7 - 2　第 G36.301 条(c)的噪声限制值

M 最大起飞质量/1000 kg	0	0.57		1.5		8.618
噪声级/dB(A)	70	$78.71 + 35.70 \log M$		85		

图 7 - 3 用图形给出了噪声限制值与飞机重量的关系曲线。

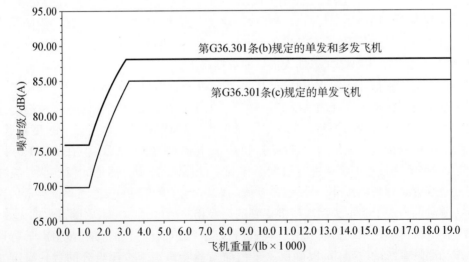

图 7 - 3　螺旋桨小飞机和螺旋桨通勤类飞机重量与噪声级限制值

第8章   直升机噪声合格审定试验

36部的附件H规定了直升机噪声测量和评定的要求，以及噪声合格审定试验程序。附件H采用EPNL作为噪声评定量。附件J是最大审定起飞重量不大于3175kg的直升机可选的替代程序及要求。附件J的程序比附件H的相对简单，而且使用声暴露级(SEL)作为噪声评定量，计算过程也大大简化。但从理论上讲，其噪声要求要比附件H严格一些。

8.1   基准试验条件

由于直升机采用了与运输类大飞机和喷气式飞机相同的EPNL作为噪声评定量，因此基准大气条件也与之相同，为：

(1) 海平面大气压力，101.325 kPa(2116 lb/ft²)。

(2) 外界大气温度25℃(77℉)。

(3) 相对湿度77%。

(4) 无风。

基准试验剖面都是根据基准大气条件下直升机的性能给出的。

8.2   基准噪声测量点

起飞、飞越和进场试验都包括3个基准测量点，即基准航迹正下方的中心噪声测量点和两个边线测量点。边线测量点站位于基准航迹地面轨迹两侧150 m处，其连线垂直于航迹的地面轨迹，并且通过中心噪声测量站。试验时要在三个测量点上同时对直升机的噪声进行测量。

8.3   基准航迹

1) 基准起飞航迹

基准起飞航迹起点位于中心噪声测量点之前，距离中心噪声测量点500 m，高于地面20 m，是一条以恒定爬升角β向上倾斜的直线，越过中心噪声测量点上方，直到对应于型号合格审定起飞航迹终点的位置。β角由经局方批准的厂商的数据得出，由按最低发动机性能审定的最佳爬升率和V_y确定，如图8-1所示。图中直升机在A点以V_y稳定地水平飞行至B点，在B点使用起飞功率，开始稳定地爬升，直至噪

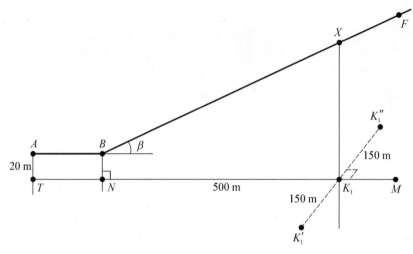

图 8-1 基准起飞航迹

声测量结束的 F 点。K_1 为中心噪声测量点，K_1' 和 K_1'' 为两个边线噪声测量点。

2) 基准飞越航迹

基准飞越航迹是距中心测量点地面标高 150 m 高度上的水平直线，如图 8-2 所示。直升机以 $0.9V_H$，$0.9V_{NE}$，$0.45V_H+120\,\mathrm{km/h}(0.45V_H+65\,\mathrm{kn})$ 和 $0.45V_{NE}+120\,\mathrm{km/h}(0.45V_{NE}+65\,\mathrm{kn})$ 4 个速度中的最小值作为基准空速，从 D 点直接稳定地水平飞过中心噪声测量点 K_2，直至噪声测量结束的 E 点。K_2' 和 K_2'' 为两个边线噪声测量点。就噪声合格审定来讲，V_H 是在最大合格审定重量下，使用在海平面压力 101.325 kPa 和 25℃ 环境条件下可获得的最小装机发动机最大连续功率对应的扭矩所能够得到的平飞空速。V_{NE} 的值为不可超越空速。噪声合格审定中所使用的 V_H 和 V_{NE} 值列于经批准的旋翼机飞行手册中。

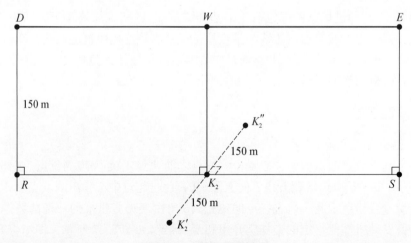

图 8-2 基准飞越航迹

3）基准进场航迹

基准进场航迹是以 6°进场斜率下降穿过中心噪声测量点正上方 120 m 处的基准点的一条直线，如图 8-3 所示。图中 K_3 为中心噪声测量点，K_3' 和 K_3'' 为两个边线噪声测量点。直升机沿该航迹飞行时的扭矩、转速以及指示空速都要保持稳定。

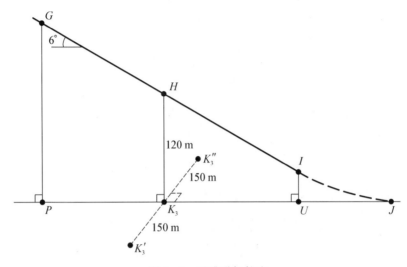

图 8-3　基准进场航迹

需要说明的是，无论起飞航迹、飞越航迹还是进场航迹，都要在足够的距离上记录直升机的位置，以确保在整个最大纯音修正感觉噪声级（PNLTM）10 dB 降区间内的直升机噪声都有相应的位置记录。

8.4　试验程序

直升机的噪声合格审定试验条件与运输类大飞机和喷气式飞机的基本相同，风速只有平均风速的要求，数值上要比运输类大飞机和喷气式飞机的低一些。具体要求如下：

（1）无降水。

（2）在高于地面 10 m 处与直升机之间的整个传声路径上，大气温度在 -10～35℃，相对湿度在 20%～95%，并且不会使中心频率为 8 kHz 的三分之一倍频程上的声衰减大于 12 dB/100 m。

（3）高于地面 10 m 处 30 s 平均风速 19 km/h（10 kn），侧风平均风速 9 km/h（5 kn）。

（4）没有对噪声测量有显著影响的异常大气条件。

试验场地的要求与运输类大飞机和喷气式飞机的完全相同，也是要求场地平整，每个噪声测量点的周围不能有浓密的草、灌木或树丛等能造成过大吸声特性的地形、地貌。测量点上方的锥形空间（半角 80°）和传声器与直升机连线上不能有障碍物存在。

噪声测量点就按照基准测量点的要求布置,边线噪声测量点与中心噪声测量点的高度差不超过 6 m。

起飞噪声试验、飞越噪声试验和进场噪声试验都要分别进行至少 6 次,以确保获得统计分析所必需的足够样本数量。

1) 起飞噪声试验

通常直升机首先在高于中心噪声测量点地面标高 20 m 的高度沿着基准航迹地面轨迹的延长线平飞,在到达距离噪声测量站 500 m,即基准航迹的起点时,开始爬升,直升机的功率必须稳定在基准大气条件下可获得的最小装机规范功率对应的最大起飞功率和齿轮箱扭矩限制所对应的最大起飞功率中的较小者。在爬升阶段内,速度保持在海平面、环境温度 25℃ 条件下的最佳爬升率速度 $V_y \pm 9$ km/h(5 kn),或经批准的最低爬升速度,取两者的较大值。平均旋翼转速偏离最大正常工作转速不超过 $\pm 1.0\%$。在整个 10 dB 降的时间段内,直升机在基准航迹地面轨迹正上方 $\pm 10°$ 或 ± 20 m(取较大者)的范围内飞行。图 8-4 所示为起飞"走廊"的横剖面。每次起飞试验时,直升机的重量应该在最大审定起飞重量的 $+5\%$ 至 -10% 范围以内,并且必须进行至少一次在等于或超过最大审定重量条件下的起飞试验。

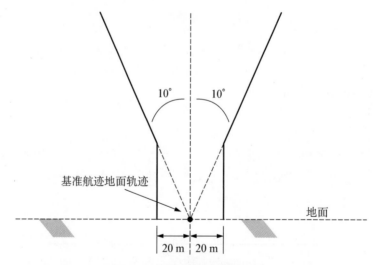

图 8-4 直升机横向偏离容差

但在实际操作时,图 8-1 的 B 点经审定局方批准可以适当调整,以使得直升机在中心测量点上方时的高度与基准高度的偏差最小。这个偏差是由于试验过程中风对爬升角的影响造成的。图 8-5 说明了逆风的情况。另外还需要注意的是,即使在无风或风速很低的情况下,从平飞到爬升的转换过程也要一定的时间,尤其是较大、较重的直升机。这就有可能造成实际起飞航迹会低于基准航迹。这种情况下可以将 B 点提前一些,如图 8-6 所示。虽然这种对爬升起始位置的调整也可能会对 PNLTM 的位置有所影响,但通常来讲,PNLTM 的位置是非常靠近中心测量点上方的,因此,这种调整是可以接受的。

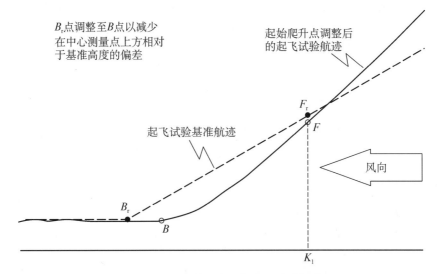

图 8-5　逆风情况起飞航迹 B 点的调整

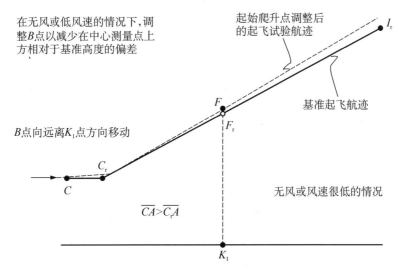

图 8-6　无风或低风速情况起飞航迹 B 点的调整

2) 飞越噪声试验

直升机水平飞行,飞行高度距中心噪声测量点地面标高 150 ± 9 m,正常巡航构型,飞行速度保持在 $0.9V_H$, $0.9V_{NE}$, $0.45V_H + 120$ km/h($0.45V_H + 65$ kn)和 $0.45V_{NE} + 120$ km/h($0.45V_{NE} + 65$ kn)4 个速度中的最小值,偏差不超过 ± 9 km/h(± 5 kn)。同起飞噪声试验一样,平均旋翼转速偏离最大正常工作转速不超过 $\pm 1.0\%$,在整个 10 dB 降的时间段内,直升机在基准航迹地面轨迹正上方 $\pm 10°$ 或

±20 m(取较大者)的范围内飞行。因此,在10 dB 降期间,直升机必须在图 8 - 7 所示的试验窗口内飞行,并且逆风水平飞行的次数要和顺风水平飞越飞行的次数相等。如果在距地面10 m处测量的飞行方向上的风速分量低于 2.5 m/s,则可以忽略风向的影响。每次飞越试验时,直升机的重量应该在最大审定起飞重量的+5%至−10%范围内,并且必须进行至少一次在等于或超过最大审定重量条件下的飞越试验。

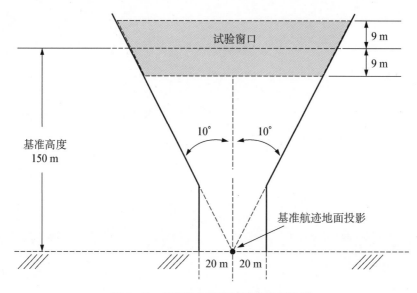

图 8 - 7　直升机水平飞越试验飞行边界

3) 进场噪声试验

直升机以 6°±0.5°的进场角稳定地进场,通过中心噪声测量点时的高度为距中心噪声测量点地面标高 120±10 m。在整个进场过程中,保持进场构型不变,起落架处于放下位。空速稳定在最佳爬升率速度 V_y 或经批准的最低进场速度(取较大者)。平均旋翼转速偏离最大正常工作转速不超过±1.0%,在整个 10 dB 降的时间段内,直升机在基准航迹地面轨迹正上方±10°或±20 m(取较大者)的范围内飞行。因此,在 10 dB 降期间,直升机必须在图 8 - 8 所示的"方形漏斗"形通道范围内飞行。每次进场试验时,直升机的重量应该在最大审定着陆重量的+5%至−10%范围以内,并且必须进行至少一次在等于或超过最大审定着陆重量条件下的进场试验。

8.5　噪声限制

对于第二阶段直升机来讲,在噪声合格审定试验中获得的噪声数据通过经批准的修订程序修订至基准条件后的 *EPNL* 值不能超过表 8 - 1 所列出的第二阶段噪声限制。

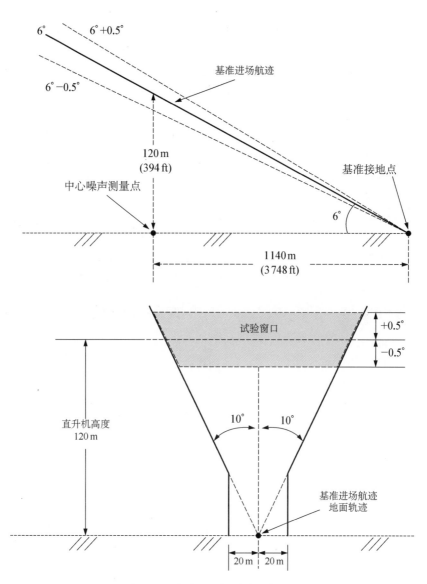

图 8-8　直升机进场试验飞行边界

表 8-1　第二阶段直升机噪声限制值

M 最大起飞质量/1000 kg	0	0.788	80.0	
起飞噪声级/EPNdB		89	$90.03 + 9.97 \log M$	109
进场噪声级/EPNdB		90	$91.03 + 9.97 \log M$	110
飞越噪声级/EPNdB		88	$89.03 + 9.97 \log M$	108

　　而对于没有达到第二阶段噪声限制值的第一阶段直升机的声学更改来讲,如果其审定噪声级超过了第二阶段噪声限制值加 2 EPNdB,则在型号设计更改后,其计算得到的起飞、飞越和进场的噪声级,不能超过型号设计更改前的噪声级;如果其审定噪声级没有超过第二阶段噪声限制值加 2 EPNdB,则在型号设计更改后,第二阶段噪声限制值加 2 EPNdB 的值就作为其噪声限制值。

8.6　综合评定

　　与运输类大飞机和喷气式飞机一样,采用按照附件 H 的程序进行合格审定的第二阶段直升机也可以采用综合评定程序。其综合评定的标准是:

　　(1) 超过量的总和不大于 4 EPNdB。

　　(2) 任何一个超过量不大于 3 EPNdB。

　　(3) 超过量可以被其他计算噪声级的减少量完全抵消。

　　但是对于第一阶段直升机不允许使用综合评定程序,即在任何测量点都不允许超过 8.5 节所述的第一阶段直升机型号设计更改后的噪声限制值。

8.7　最大审定起飞重量不大于 3175 kg 的直升机可选的替代程序(附件 J)

　　替代程序用声暴露级(SEL)作为噪声评定量,并且只进行水平飞越噪声试验。

　　声暴露级(SEL,或记为 L_{AE}),以 dB 为单位,是 A 计权声压(P_A)的平方在给定的时间或过程上的时间积分,以 20 μPa 的标准基准声压(P_0)的平方和 1 s 的基准持续时间为基准。该单位由下式定义:

$$L_{AE} = 10 \log \frac{1}{T_0} \int_{t_1}^{t_2} \left(\frac{P_A(t)}{P_0} \right)^2 \mathrm{d}t$$

式中:T_0 为 1 s 的基准积分时间,$(t_2 - t_1)$ 为积分时间间隔。

　　上述积分可用周期采样的测量值近似表达为:

$$L_{AE} = 10 \log \frac{1}{T_0} \sum_{k_F}^{k_L} 10^{0.1 L_A(k)} \Delta t$$

式中:$L_A(k)$ 为在第 k 时段测得的随时间变化的 A 频率加权 S 时间加权声级。k_F 和 k_L 为第一个和最后一个时间段,Δt 为样本间的时间增量。

　　实际上积分时间 $(t_2 - t_1)$ 不应小于 $L_A(t)$ 最大值(L_{AMAX})的 10 dB 降区间的时间间隔。

　　水平飞越噪声试验的基准气象条件和试验场地的要求与附件 H 一致,基准航迹与附件 H 的飞越噪声基准航迹相同。试验气象条件除了大气温度要求在 2℃ 到 35℃ 之间以外,其他大气湿度、风速和风向的要求与附件 H 相同。基准空速也与附件 H 的飞越噪声基准空速相同。噪声测量点只有中心噪声测量点一个。

　　试验程序和附件 H 的飞越噪声试验的程序一致,水平飞行的高度距测量点地

面标高 $150\pm15\,\mathrm{m}$，在测量点正上方 $\pm10°$ 的范围内飞行。空速偏离不超过基准空速 $\pm5\,\mathrm{km/h}(\pm3\,\mathrm{kn})$，平均旋翼转速偏离最大正常工作转速不超过 $\pm1.0\%$。每次飞越试验时，直升机的重量应该在最大审定起飞重量的 $+5\%$ 至 -10% 范围以内。逆风水平飞行的次数要和顺风水平飞越飞行的次数相等。

　　按照附件 J 的程序进行噪声合格审定的直升机，其在噪声合格审定试验中获得的噪声数据经过经批准的修订程序修订至基准条件后的噪声级不能超过表 8-2 所列出的第二阶段噪声限制值。

表 8-2　按照替代程序进行审定的第二阶段直升机噪声限制值

M 最大起飞质量/1000 kg	0	0.788		3.175
噪声级/dB SEL		82	$83.03+9.97\log M$	

　　而对于没有达到第二阶段噪声限制值的第一阶段直升机的声学更改来讲，在型号设计更改之后，其噪声级不能超过第二阶段噪声限制。

第9章 航空器噪声数据的处理和修正

进行航空器噪声合格审定试验的目的,就是为了获取航空器噪声的实测数据。试验后根据与噪声数据同时进行测量的航迹信息和大气条件对噪声数据进行处理,最终将实测的噪声数据修正到基准条件下。所有类型航空器的噪声合格审定中,运输类大飞机和喷气式飞机的噪声数据处理最为复杂,本章就以运输类大飞机和喷气式飞机为例,简要地介绍噪声数据处理和修正的程序。

9.1 航空器噪声合格审定中数据处理和修正的一般程序

航空器噪声合格审定中的数据处理主要包括数据的测量、数据的同步、数据的预处理和噪声数据的修正等几个部分。

数据的测量就是在航空器噪声合格审定试验过程中,用经过批准的测量系统对包括声学数据、气象数据和航迹数据的实际测量。这些实际测量得到的数据将被永久的记录下来。

根据记录的气象数据和航迹数据,判断当时的试验条件是否满足噪声测量的要求,从而确定噪声测量数据的有效性。接下来对有效的数据进行同步处理(见图 9-1),使得航空器的位置信息、气象数据和噪声测量数据在时间上同步。另外,在试验后还要获得在同步时间点上的飞机及发动机运行参数的记录信息。

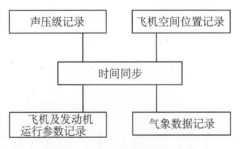

图 9-1 记录数据的同步处理

之后,再根据不同类型航空器噪声审定的具体要求对噪声数据进行修正,将有效的实测噪声数据修正至基准条件下,最终得到合格审定噪声级。具体流程如图 9-2所示。

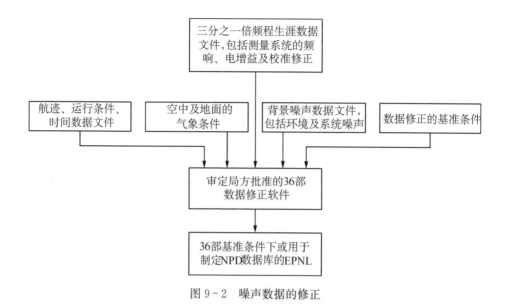

图 9-2　噪声数据的修正

9.2　数据的测量

航空器噪声合格审定试验中所采用的测量系统,包括噪声测量系统、航迹测量系统和气象测量系统,必须符合本书 5.2 节的要求,并经局方批准。对仪器、设备更详细的要求请见 36 部相应的条款。

1) 噪声测量

在噪声合格审定试验之前,要对试验场地做好准备,选择好适当的噪声测量点,并按照 5.3 节的要求对噪声测量点进行处理,做到场地平整,没有影响噪声测量的障碍物。噪声测试系统的所有仪器、设备应按规定的时间进行标定。最好事先在实验室内将所有的设备,包括连接电缆,按照测试方案进行系统连接、调试,以验证测试系统完好。

在试验现场安装好整个噪声测量系统后,要对每个测量通道进行检验,并按校准要求对噪声测量系统进行校准。记录至少 30 s 的粉红噪声信号,以确定整个系统(不包括传声器)的频率响应。另外,在每个测量日的开始和结束时,都要在每个录音介质(每卷磁带、卡带和软盘等)的开头,还有最后一个录音介质的结尾,通过整个测量系统(包括传声器)现场记录一个已知幅值和频率的声音校准信号。此时,系统的所有组件(除防风罩外)都应在位,包括电缆、衰减器、增益及信号调理放大器、滤波器(含预矫)和电源。如果在测量过程中使用了能够影响校准信号的可开关滤波器,那么校准工作必须在这些滤波器工作和不工作的情况下都要进行。在增加、减少或更换某个电子系统组件之后,必须立即重新校准整个系统。在每个测量日都要充分确定整个系统的声学灵敏度,以确保每次试验的设备响应都是已知的。如果在一天中的每个试验系列前后立即记录的声学灵敏度的变化不超过 0.5 dB,该系统被认为是满意的。

根据试验程序的目标航迹设定传声器的指向,尽量使得传声器的敏感元件基本处于目标航迹和噪声测量点所决定的平面里,确保噪声的入射角在 30°以内,如图 9 - 3 所示。加装防风罩,并在噪声测量点记录至少 10 s 的环境噪声,包括传声器所在地除了试验飞机以外的声源发出的声学背景噪声和测量系统的电噪声,以量化影响测量飞机噪声级的任何其他信号。

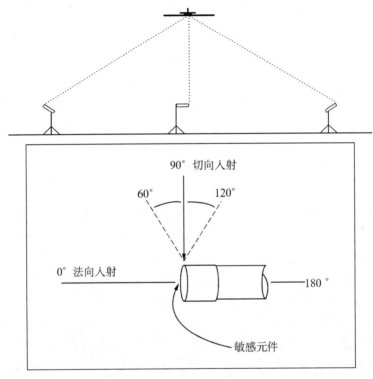

图 9 - 3　传声器声入射角度示意图

在进行噪声审定合格试验时,当航空器接近航迹上预先设定的点时,开始进行噪声测量,记录噪声数据。在航空器完全飞出 10 dB 降区间后,停止噪声测量。10 dB 降区间可以通过分析仪或者声级计实时监测来判断。用于谱分析的连续声压级采样间隔为 0.5 s。在确定 10 dB 降区间的边界时,应使用最接近 $PNLTM-10$ 真实值的 $PNLT$ 值。图 9 - 4 给出了计算得到的 $PLNT$ 时间历程的样例。图中 k_M 为 $PNLTM$ 值,k_F 和 k_L 分别是第一个和最后一个 10 dB 降点。第一个图中,k_F 的 $PNLT$ 值大于 $PNLTM-10$,而 k_L 的 $PNLT$ 值小于 $PNLTM-10$。在第二个图中,k_M 之后有两个 $PNLT$ 的值等于 $PNLTM-10$,这种情况下,k_L 应取后面一个 $PNLT$ 值。而 k_F 应选择最接近 $PNLTM-10$ 的值,忽略在此之前的较大,但仍小于 $PNLTM-10$ 的 $PNLT$ 值。

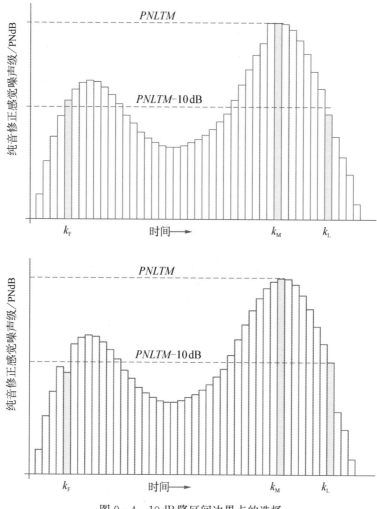

图 9-4　10dB 降区间边界点的选择

2) 航迹测量

在试验前,根据所使用的航迹测量系统的使用要求对系统进行安装、设置和调试。试验过程中,在测量噪声数据的同时,对航空器的位置信息进行测量和记录,采样时间间隔为 0.5s。通常在航迹测量系统中设置航迹有效性的判断标准,如果在试验过程中,试验飞机超出了规定的范围,则会通知试验人员,以判断是否需要重新进行此次试验。

3) 气象测量

在试验前,选定合适的地点架设气象测量设备,获取测量点附近地上 10m 处的气象条件数据,包括温度、相对湿度以及风速和风向。在噪声测量期间,地上 10m处的气象条件要进行连续地测量和记录。而对于运输类大飞机和喷气式飞机,还需要获得噪声测量点与航空器之间的大气数据,这就需要利用其他装载了气象测量设备的小飞机或者气球对这部分区域的大气进行测量。使用小飞机进行测量时,通常从地面到飞机所在高度之间,以 $400 \sim 500\,\mathrm{m}$ 的盘旋半径,螺旋飞行爬升,爬升间距在 $150\,\mathrm{m}$ 左右,对传声路径上的温度和相对湿度进行测量。

规章要求必须在每次噪声测量的 $30\,\mathrm{min}$ 之内对地上 $10\,\mathrm{m}$ 到被测飞机高度之间的大气条件进行测量,然后使用内插法获得每次噪声测量时的气象数据。因此,气象测量的间隔不能超过 $60\,\mathrm{min}$,并且当天的首次气象测量飞行应该在第一次噪声测量开始前 $30\,\mathrm{min}$ 内进行,最后一次气象测量飞行应该在噪声测量结束后 $30\,\mathrm{min}$ 内进行,以确保有充足的气象数据进行内插,得到每次噪声测量实际时间的气象数据。

9.3　数据的同步

对于运输类大飞机和喷气机以及直升机(附件 H)来讲,由于要对测量得到的噪声数据进行频谱分析,所以必须采用一个共同的时间基准来"对准"噪声、航迹和气象测量数据,这就是所谓的数据同步。在处理的过程中,将以 $0.5\,\mathrm{s}$ 采样间隔测得的航空器时间-空间-位置信息(TSPI)数据内插到在 $10\,\mathrm{dB}$ 期间每 $0.5\,\mathrm{s}$ 间隔的噪声数据记录的时间点上。

时间同步的方法包括:连续时间代码记录、单独时间标记记录、记录器内置计时器等。

1) 连续时间代码记录

这种方法单独使用一个时间代码信号,例如:IRIG B(一种调制音频信号,用于对时基信号进行编码,由 Inter-Range Instrumentation Group (IRIG)开发)。采用这种方法,每次测量过程中,从与同一时基同步的各个信号发生器出来的时间代码信号,同时被噪声数据记录器和 TSPI 系统纪录连续地记录。多个信号发生器的同步可以通过物理(电缆连接)或者无线电发射的方式来实现。连续的时间代码信号可以被直接记录,也可以以连续或者脉冲的方式来保持与单独记录的时间代码发生器的同步。该方法在出现间歇性信号接收问题的情况下,仍能记录到高质量的连续时间代码。

信号发生器的同步必须在每个测量日的开始完成,并且在每个测量日的结束时进行核对,尽可能减小发生器时间漂移的影响。任何时间漂移都必须在处理过程中记录并且加以说明。

现在基于全球定位系统(GPS)获取 TSPI 数据越来越普遍。GPS 接收器能够提供精确的时基信号(从 GPS 卫星系统发射出的),在某些情况下,TSPI 系统中不需要使用单独的时间同步设备。对于噪声数据记录系统,以及不是基于 GPS 的 TSPI 系统来讲,可以使用专门的、利用 GPS 信号不间断更新并保持同步的 IRIG B 时基发生器。利用这种全球发射的时基,能够很大程度地简化测量系统间的时间同步。这里应该注意的是基于 GPS 的系统有两个时基,即 GPS 时间和 UTC 时间,两者在任意给定瞬间的值相差超过 $10\,\mathrm{s}$。尽管 GPS 信号包括两个时基,但并不是所有的 GPS 接收器都能使用这两种时基,因此,用户在选择接收器时要注意。

2)单独一个时间标记的记录

这种方法包括发送和记录一个无线电触发信号或纯音信号,通常用来显示"记录器打开"或"飞越头顶"的瞬间。这种方法要求噪声和 TSPI 记录系统都使用专门的通道。使用这种方法,当操作者听到了信号或者当检测电路对纯音产生响应时,人工操作触发分析仪。如果操作者希望不在标记的时间开始分析,就需要使用秒表或延迟回路来延迟触发分析仪。当使用人工触发时,操作者必须非常小心,触发时间要尽可能地精确。一个尽职的操作者基本能够把精度控制在 0.1 s 以内。

3)内置计时器

许多数字记录器都可以通过在记录的数据流中编入时间数据保留连续的内部时刻。这种方法使用与 TSPI 数据的时基同步的数字记录器的子码时间相同。但是许多记录器的时间设定功能不能达到测量精度的要求,秒级的设定不能与外部时钟同步,所以这种记录器不适合用于这种同步方法。

无论使用哪种同步方法,所有影响时间同步的因素(例如:分析仪起动延迟,模拟记录器中正常和辅助数据通道的表头位移,自动触发回路的延迟等等)都必须能够被识别和量化,并且在分析和处理时进行说明。最好能够使用自动化的方法,因为只要有人参与计时过程,就不可能精确地预知误差,尽管一个尽职的操作者可以尽可能地减小这类误差。同样,所有时间同步的方法和设备的使用都必须事先经过局方的批准。

9.4　噪声数据的预处理

在获得了有效的噪声测量数据之后,首先要将从分析系统输出的实测噪声每个三分之一倍频程声压级与背景噪声级进行比较,标记出没有超出背景噪声级 3 dB 的频段(被掩蔽),并对有效的噪声数据进行测量系统的频率响应修正,包括风罩的插入损失修正。然后,用经局方批准的方法重建被掩蔽频段的三分之一倍频程声压级。至此,就得到了完整的三分之一倍频程声压级。之后,如果所使用的分析仪没有采用"慢"时间加权输出三分之一倍频程声压级,则必须通过 0.5 s 的时间平均声压级来确定等效的"慢"加权声压级。具体过程是通过下面的方程进行连续指数平均:

$$L_s(i,\,k) = 10\log\big[(0.606\,53)10^{0.1L_s[i,\,(k-1)]} + (0.393\,47)10^{0.1L(i,\,k)}\big] \quad (k < 4)$$

$$L_s(i,\,k) = 10\log\big[(0.13)10^{0.1L[i,\,(k-3)]} + (0.21)10^{0.1L[i,\,(k-2)]} +$$
$$(0.27)10^{0.1L[i,\,(k-1)]} + (0.39)10^{0.1L(i,\,k)}\big] \quad (k \geqslant 4)$$

其中,$L_s(i,\,k)$ 为模拟的"慢"时间加权声压级,$L(i,\,k)$ 为所测的 0.5 s 时间平均声压级,由分析仪输出的第 k 时段和第 i 个三分之一倍频程确定。$k=1$ 时,公式右边的"慢"时间加权声压 $L_s[i,\,(k-1=0)]$ 设为 0 dB。

9.4.1 有效感觉噪声级的计算

有效感觉噪声级（EPNL）是基于噪度的噪声评价度量。是在感觉噪声级（PNL）的基础上，对其进行频谱不规则形修正和持续时间修正而得到的计算值。

1）PNL 的计算

根据三分之一频谱的瞬时声压级，即经过连续指数平均得到的每 0.5 s 记录的三分之一倍频程声压级，计算瞬时 $PNL(k)$ 的步骤如下：

第一步：图 9-5 是声压级（SPL）和感觉噪度 n 的对数值之间的关系。根据这一关系，将 50 Hz 至 10 kHz 范围内的各三分之一倍频程的 $SPL(i, k)$ 换算成感觉噪度 $n(i, k)$。i 是频带序号，k 是瞬时声压级的时间点。图 9-5 中各点的坐标值和斜率见表 9-1。呐值的数学公式为：

- $SPL \geqslant SPL(a)$ 时，$n = \text{anti} \log\{M(c)[SPL - SPL(c)]\}$
- $SPL(b) \leqslant SPL < SPL(a)$ 时，$n = \text{anti} \log\{M(b)[SPL - SPL(b)]\}$
- $SPL(e) \leqslant SPL < SPL(b)$ 时，$n = 0.3\,\text{anti} \log\{M(e)[SPL - SPL(e)]\}$
- $SPL(d) \leqslant SPL < SPL(e)$ 时，$n = 0.1\,\text{anti} \log\{M(d)[SPL - SPL(d)]\}$

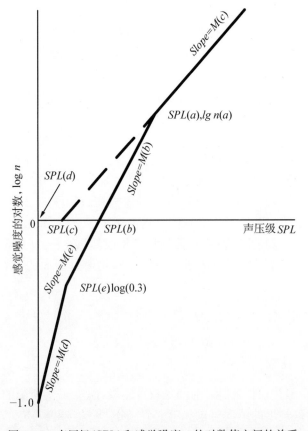

图 9-5　声压级（SPL）和感觉噪度 n 的对数值之间的关系

表 9 - 1 呐值计算公式中的常量

频带 (i)	f /Hz	SPL (a)	SPL (b)	SPL (c)	SPL (d)	SPL (e)	M(b)	M(c)	M(d)	M(e)
1	50	91.0	64	52	49	55	0.043478	0.030103	0.079520	0.058098
2	63	85.9	60	51	44	51	0.040570		0.068160	”
3	80	87.3	56	49	39	46	0.036831		”	0.052288
4	100	79.0	53	47	34	42	”		0.059640	0.047534
5	125	79.8	51	46	30	39	0.035336		0.053013	0.043573
6	160	76.0	48	45	27	36	0.033333		”	”
7	200	74.0	46	43	24	33	”			0.040221
8	250	74.9	44	42	21	30	0.032051			0.037349
9	315	94.6	42	41	18	27	0.030675	0.030103		0.034859
10	400	∞	40	40	16	25	0.030103			
11	500		40	40	16	25				
12	630		40	40	16	25		不		
13	800		40	40	16	25		适		
14	1000		40	40	16	25		用	0.053013	
15	1250		38	38	15	23	0.030103		0.059640	0.034859
16	1600		34	34	12	21	0.029960		0.053013	0.040221
17	2000		32	32	9	18			”	0.037349
18	2500		30	30	5	15			0.047712	0.034859
19	3150		29	29	4	14			”	
20	4000		29	29	5	14			0.053013	
21	5000		30	30	6	15			”	0.034859
22	6300	∞	31	31	10	17	0.029960	0.029960	0.068160	0.037349
23	8000	44.3	37	34	17	23	0.042285		0.079520	”
24	10000	50.7	41	37	21	29	”	”	0.059640	0.043573

第二步:用下面的公式,将第一步求得的感觉噪度值 $n(i, k)$ 合并:

$$N(k) = n(k) + 0.15\left\{\left[\sum_{i=1}^{24} n(i, k)\right] - n(k)\right\}$$

$$= 0.85n(k) + 0.15\sum_{i=1}^{24} n(i, k)$$

式中: $n(k)$ 是 24 个 $n(i, k)$ 值中的最大值, $N(k)$ 为总感觉噪度。

第三步:用下列公式,将总感觉噪度 $N(k)$ 换算成感觉噪声级 $PNL(k)$:

$$PNL(k) = 40.0 + \frac{10}{\log 2}\log N(k)$$

2) 频谱不规则性修正

频谱不规则性修正是对频谱中有明显不规则成分(如离散频率成分或纯音)的噪声进行的修正,已考虑纯音对噪度的影响,也称纯音修正。在进行纯音修正之前,要把所有三分之一倍频程声压级四舍五入到 0.1 dB。36 部中给出如下的步骤识别频谱中的纯音成分和计算纯音修正因子 $C(k)$:

第一步:从 80 Hz 三分之一倍频程(第 3 频程)开始,按下述方法计算其余三分之一倍频程上声压级的变化(或"斜率"):

$s(3, k)$＝无值

$s(4, k)＝SPL(4, k)－SPL(3, k)$

•
•

$s(i, k)＝SPL(i, k)－SPL(i-1, k)$

•
•

$s(24, k)＝SPL(24, k)－SPL(23, k)$

第二步:圈出斜率变化的绝对值大于 5 的斜率 $s(i, k)$,即:

$$| \Delta s(i, k) |=| s(i, k)-s(i-1, k) |>5$$

第三步:如果圈出的斜率 $s(i, k)$ 的数值为正,且代数值大于斜率 $s(i-1, k)$,则圈出声压级 $SPL(i, k)$;

如果圈出的斜率 $s(i, k)$ 的数值为零或负,且斜率 $s(i-1, k)$ 为正,则圈出声压级 $SPL(i-1, k)$。

第四步:计算新的、调整过的声压级 $SPL'(i, k)$。对未圈出的声压级,令新声压级等于原来的声压级,即:$SPL'(i, k)=SPL(i, k)$。对于 1 至 23 频程中(含)被圈出的声压级,令新声压级等于前、后声压级的算术平均值,即:

$$SPL'(i, k) = \frac{1}{2}[SPL(i-1, k)+SPL(i+1, k)]$$

如果最高频程($i＝24$)的声压级被圈出,则令该频程的新声压级等于:

$$SPL'(24, k) = SPL(23, k) + s(23, k)$$

第五步:包括一个假设的第 25 频程在内,按下列方法重新计算新斜率 $s'(i, k)$:

$s'(3, k)＝s'(4, k)$

$s'(4, k)＝SPL'(4, k)－SPL'(3, k)$

•
•

$s'(i, k)＝SPL'(i, k)－SPL'(i-1, k)$

•

·

$$s'(24, k) = SPL'(24, k) - SPL'(23, k)$$

$$s'(25, k) = s'(24, k)$$

第六步：对序号 i 从 3 至 23 的频程，按下述公式计算三个相邻斜率的算术平均值：

$$\bar{s}(i, k) = \frac{1}{3}[s'(i, k) + s'(i+1, k) + s'(i+2, k)]$$

第七步：从第 3 频程开始到第 24 频程，按下述公式计算最终的三分之一倍频程声压级 $SPL''(i, k)$：

$$SPL''(3, k) = SPL(3, k)$$

$$SPL''(4, k) = SPL''(3, k) + \bar{s}(3, k)$$

·

·

$$SPL''(i, k) = SPL''(i-1, k) + \bar{s}(i-1, k)$$

·

·

$$SPL''(24, k) = SPL''(23, k) + \bar{s}(23, k)$$

第八步：如下计算原声压级与最终本底声压级之差 $F(i, k)$：

$$F(i, k) = SPL(i, k) - SPL''(i, k)$$

并只记下等于或大于 1.5 的值。

第九步：按照图 9 - 6 中表格，根据声压级差 $F(i, k)$ 确定每个相关三分之一倍频程（3 至 24）的纯音修正因子。

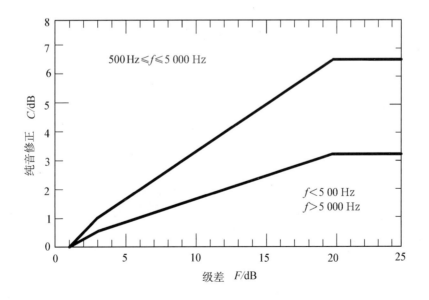

频率 f/Hz	级差 F/dB	纯音修正 C/dB
$50 \leqslant f < 500$	$1\frac{1}{2}^* \leqslant F < 3$ $3 \leqslant F < 20$ $20 \leqslant F$	$F/3 - \frac{1}{2}$ $F/6$ $3\frac{1}{3}$
$500 \leqslant f \leqslant 5\,000$	$1\frac{1}{2}^* \leqslant F < 3$ $3 \leqslant F < 20$ $20 \leqslant F$	$2F/3 - 1$ $F/3$ $6\frac{2}{3}$
$5\,000 < f \leqslant 10\,000$	$1\frac{1}{2}^* \leqslant F < 3$ $3 \leqslant F < 20$ $20 \leqslant F$	$F/3 - \frac{1}{2}$ $F/6$ $3\frac{1}{3}$

* 见第八步

图 9-6　纯音修正因子

第十步：第九步中所确定的纯音修正因子中的最大值即为 $C(k)$。纯音修正感觉噪声级 $PNLT(k)$ 由 $C(k)$ 与相应的 $PNL(k)$ 相加来确定，即：

$$PNLT(k) = PNL(k) + C(k)$$

图 9-7 是某一时刻三分之一倍频程声压级的样例。从图中可以看出该段频谱明显的纯音成分出现在第 8 频带和第 18 频带。

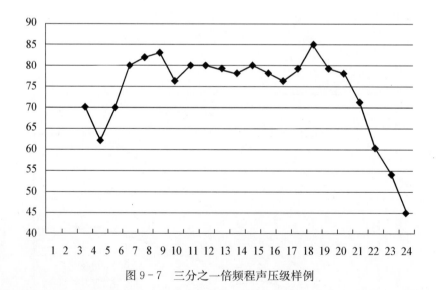

图 9-7　三分之一倍频程声压级样例

表 9-2 是该样例按照本节步骤计算纯音修正因子的过程。从计算结果可以看出最大纯音修正因子出现在第 18 频带，因此 $C(k) = 2$。

表 9-2 纯音修正因子计算样例

①	②	③	④	⑤	⑥	⑦	⑧	⑨	⑩	⑪
频带(i)	f Hz	SPL dB	S dB 步骤1	|ΔS| dB 步骤2	SPL′ dB 步骤4	S′ dB 步骤5	$\bar{s}$ dB 步骤6	SPL″ dB 步骤7	F dB 步骤8	C dB 步骤9
1	50	—	—	—	—	—	—	—	—	—
2	63	—	—	—	—	—	—	—	—	—
3	80	70	—	—	70	−8	−2⅓	70		
4	100	62	−8	—	62	−8	+3⅓	67⅔	—	
5	125	⑦0	+⑧	16	71	+9	+6⅔	71		
6	160	80	+10	2	80	+9	+2⅔	77⅔	2⅓	0.29
7	200	82	+②	8	82	+2	+1⅓	80⅓	1⅔	0.06
8	250	⑧3	+1	1	79	−3	−1⅓	79	4	0.67
9	315	76	−⑦	8	76	−3	+⅓	77⅔	—	
10	400	⑧0	+④	11	78	+2	+1	78	2	0.17
11	500	80	0	4	80	+2	0	79	—	
12	630	79	−1	1	79	−1	0	79		
13	800	78	−1	0	78	−1	−⅓	79		
14	1000	80	+2	3	80	+2	−⅔	78⅔		
15	1250	78	−2	4	78	−2	−⅓	78		
16	1600	76	−2	0	76	−2	+⅓	77⅔		
17	2000	79	+3	5	79	+3	+1	78		
18	2500	⑧5	+6	3	79	0	−⅓	79	6	2
19	3150	79	−⑥	12	79	0	−2⅔	78⅔		
20	4000	78	−1	5	78	−1	−6⅓	76	2	0.33
21	5000	71	−⑦	6	71	−7	−8	69⅔	—	
22	6300	60	−11	4	60	−11	−8⅔	61⅔		
23	8000	54	−6	5	54	−6	−8	53		
24	10000	45	−9	3	45		−9	45		

步骤1	③(i)−③(i−1)
步骤2	|④(i)−④(i−1)|
步骤3	见说明
步骤4	见说明
步骤5	⑥(i)−⑥(i−1)

步骤6	[⑦(i)+⑦(i+1)+⑦(i+2)]÷3
步骤7	⑨(i−1)+⑧(i−1)
步骤8	③(i)−⑨(i)
步骤9	见图9-6

从这个例子可以看出,计算纯音修正因子主要分为两个部分,第一步到第三步是在频谱数据中识别出显著的纯音,而第四步到第七步是对三分之一倍频程频谱进行平滑处理,获得去除纯音的伪宽带噪声级(本底声压级)。根据这一原则,我们可以对上述计算纯音修正因子的步骤进行一定的简化。简化步骤如下:

第1步:同36部中的方法一样,从80Hz三分之一倍频程(第3频程)开始,计算三分之一倍频程上声压级的变化(斜率):

$$s(i, k) = SPL(i, k) - SPL(i-1, k) \qquad (i = 4 \sim 24)$$

第2步:计算依次计算斜率的差值

$$\Delta s(i, k) = s(i, k) - s(i-1, k) \qquad (i = 5 \sim 24)$$

第3步:如果 $\Delta s(i, k) \leqslant -5$,则圈出声压级 $SPL(i-1, k)$,即为较大的峰值;

第4步:对被圈出的声压级,令新声压级等于前、后声压级的算术平均值,即:

$$SPL'(i, k) = \frac{1}{2}[SPL(i-1, k) + SPL(i+1, k)]$$

第5步:计算对应的本底声压级 $SPL''(i, k)$,采用滚动平均法,令

$$SPL''(i, k) = \frac{1}{3}[SPL(i-1, k) + SPL'(i, k) + SPL(i+1, k)]$$

则有

$$SPL''(i, k) = SPL'(i, k)$$

第6步:计算原声压级与最终本底声压级之差 $F(i, k)$:

$$F(i, k) = SPL(i, k) - SPL''(i, k)$$

第7步:按照图9-4中的表格,根据声压级差 $F(i, k)$ 确定相应三分之一倍频程的纯音修正因子 $C(i, k)$,其中最大值就是 $C(k)$。

用简化方法计算上一个算例的过程如表9-3所示。

表9-3 纯音修正计算的简化方法

频带 (i)	f /(Hz)	SPL /(dB)	s 第1步	Δs 第2步	SPL' 第4步	SPL'' 第5步	F 第6步	C 第7步
1	50	—	—	—	—	—	—	—
2	63	—	—	—	—	—	—	—
3	80	70	—	—	—	—	—	—
4	100	62	−8					
5	125	70	8	16	70			

（续表）

频带 (i)	f /(Hz)	SPL /(dB)	s 第 1 步	Δs 第 2 步	SPL' 第 4 步	SPL'' 第 5 步	F 第 6 步	C 第 7 步
6	160	80	10	2	76	76	4	0.67
7	200	82	2	−8	82			
8	250	83	1	−1	79	79	4	0.67
9	315	76	−7	−8	76			
10	400	80	4	11				
11	500	80	0	−4				
12	630	79	−1	−1				
13	800	78	−1	0				
14	1000	80	2	3				
15	1250	78	−2	−4				
16	1600	76	−2	0				
17	2000	79	3	5	79			
18	2500	85	6	3	79	79	6	2
19	3150	79	−6	−12	79			
20	4000	78	−1	5	75	75	3	1
21	5000	71	−7	−6	71			
22	6300	60	−11	−4				
23	8000	54	−6	5				
24	10000	45	−9	−3				

　　按照以上步骤计算出的 $PNLT(k)$ 中的最大值即为最大纯音修正感觉噪声级（PNLTM）。但是，当纯音的频率位于一个或更多三分之一倍频带的边缘附近时，上述的纯音修正程序就可能低估纯音修正因子。为了考虑这一现象，就需要进行频带共用调整。利用 Doppler 效应的结果，$PNLTM$ 时刻被抑制的纯音通常会出现在该时刻前后时段的频谱中，通过对 $PNLTM$ 时刻前后各 1 s 时间内的频谱的纯音修正因子进行平均，就可以合理地估算 $PNLTM$ 时刻未受抑制的纯音修正因子。因此，在获得了 $PNLTM$ 值之后，还必须在前后各两段 0.5 s 的采样数据中找出最大纯音修正因子所对应的频带，以便识别出由于该纯音的三分之一倍频程频带共用，而在 $PNLTM$ 处可能出现的纯音抑制现象。如果 $PNLTM$ 处的纯音修正因子 $C(k)$ 值小于上述 5 个相邻时间间隔内 $C(k)$ 的平均值，则必须使用这个 $C(k)$ 的平均值来重新计算 $PNLTM$ 值。频带共用的计算应在确定 10 dB 降区间之前进行。

图 9-8 就是一个作为航空器飞越时间函数的 $PNLT$ 的示例。

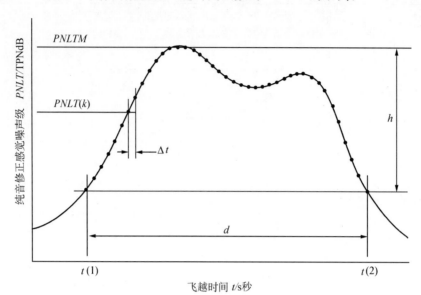

图 9-8 作为航空器飞越时间函数的纯音修正感觉噪声级

3）有效感觉噪声级

如果用时间的连续函数表示瞬时纯音修正感觉噪声级 $PNLT(t)$，则有效感觉噪声级 EPNL 可以被定义为 $PNLT(t)$ 在噪声持续时间（归一化为 10 s 的基准持续时间 T_0）上对时间积分所得的声级，单位为 EPNdB。噪声持续时间分别由 $PNLT(t)$ 第一个和最后一个等于 $PNLTM-10$ 的时间 t_1 和时间 t_2 界定。即

$$EPNL = 10\log\frac{1}{T_0}\int_{t1}^{t2}10^{0.1PNLT(t)}\,\mathrm{d}t$$

实际上，$PNLT$ 并不是时间的连续函数，而是根据每半秒的测量值计算出来的离散值。这时，可用求和表达式替代上面的积分，即：

$$EPNL = 10\log\frac{1}{T_0}\sum_{k_F}^{k_L}10^{0.1PNLT(t)}\Delta t$$

如果取 $T=10\,\mathrm{s}, \Delta t=0.5\,\mathrm{s}$ 时，上式可简化成：

$$EPNL = 10\log\sum_{k_F}^{k_L}10^{0.1PNLT(t)} - 13$$

注：$10\log(0.5/10) = -13$。

9.4.2 大气声衰减系数的计算

根据测量得到的大气温度和相对湿度，可以计算出大气的声衰减系数。

使用英制单位的方程如下：

$$\alpha(i) = 10^{[2.05\log(f_0/1000)+6.33\times10^{-4}\theta-1.45325]} + \eta(\delta)\times10^{[\log(f_0)+4.6833\times10^{-3}\theta-2.4215]}$$

和

$$\delta = \sqrt{\frac{1010}{f_0}}10^{(\log H-1.9727464+2.288074\times10^{-2}\theta)}\times10^{(-9.589\times10^{-5}\theta^2+3.0\times10^{-7}\theta^3)}$$

使用公制单位的方程如下：

$$\alpha(i) = 10^{[2.05\log(f_0/1000)+1.1394\times10^{-3}\theta-1.916984]} + \eta(\delta)\times10^{[\log(f_0)+8.42994\times10^{-3}\theta-2.755624]}$$

和

$$\delta = \sqrt{\frac{1010}{f_0}}10^{(\log H-1.328924+3.179768\times10^{-2}\theta)}\times10^{(-2.173716\times10^{-4}\theta^2+1.7496\times10^{-6}\theta^3)}$$

其中

$\alpha(i)$ 是第 i 个频带上的大气声衰减系数，英制单位为 dB/1000 ft，公制单位为 dB/100 m；

θ 是温度，单位为℃；

H 是相对湿度，以％表示；

$\eta(\delta)$ 和 f_0 的值分别列于表 9-4 和表 9-5 中。

表 9-4　$\eta(\delta)$ 的值

δ	$\eta(\delta)$	δ	$\eta(\delta)$
0.00	0.000	2.50	0.450
0.25	0.315	2.8	0.400
0.50	0.700	3.00	0.370
0.60	0.840	3.30	0.330
0.70	0.930	3.60	0.300
0.80	0.975	4.15	0.260
0.90	0.996	4.45	0.245
1.00	1.000	4.80	0.230
1.10	0.970	5.25	0.220
1.20	0.900	5.70	0.210
1.30	0.840	6.05	0.205
1.50	0.750	6.50	0.200
1.70	0.670	7.00	0.200
2.00	0.570	10.00	0.200
2.30	0.495		

必要时必须使用二次插值。

表 9 - 5　f_0 的值

三分之一倍频程 中心频率/Hz	f_0/Hz	三分之一倍频程 中心频率/Hz	f_0/Hz
50	50	800	800
63	63	1000	1000
80	80	1250	1250
100	100	1600	1600
125	125	2000	2000
160	160	2500	2500
200	200	3150	3150
250	250	4000	4000
315	315	5000	4500
400	400	6300	5600
500	500	8000	7100
630	630	10000	9000

下面用分层计算大气声衰减系数的例子来说明大气声衰减系数的应用。

例 1，大气的测量结果如表 9 - 6 所示，中心频率 3150 Hz 倍频程上的声衰减系数也列在表 9 - 6 中。

表 9 - 6　例 1 的声衰减系数

高度/m	温度/℃	相对湿度/%	$\alpha(3150)$/dB/100m
10	14.1	50	2.45
30	13.4	53	2.38
60	12.9	56	2.3
90	12.2	57	2.33
120	11.5	58	2.37
150	11.3	61	2.27

在这个例子中，整个声传播路径上的大气声衰减系数 $\alpha(3150)$ 的变化小于规章规定的 0.5 dB/100 m，因此不需要使用分层的方法。每个三分之一倍频程的大气声衰减系数是地上 10 m 处和试验飞机所处高度在最大 PNLT 时刻测得的温度和相对湿度确定的声衰减系数的平均值。假设试验飞机高度为 125 m，则按照线性差值得出相应的声衰减系数：

$$\alpha(3150)_{125\mathrm{m}} = 2.37 + \frac{(125-120)\times(2.27-2.37)}{150-120} = 2.35 \, \mathrm{dB/100\,m}$$

3150 Hz 的三分之一倍频程上的平均声衰减系数是：

$$\overline{\alpha(3150)} = \frac{\alpha(3150)_{10\mathrm{m}} + \alpha(3150)_{125\mathrm{m}}}{2} = 2.40 \, \mathrm{dB/100\,m}$$

其他倍频程上的声衰减系数用同样方法确定。

例 2,大气的测量结果和中心频率 3 150 Hz 倍频程上的声衰减系数如表 9 - 7 所示。

表 9 - 7　例 2 的声衰减系数

高度/m	温度/℃	相对湿度/%	$\alpha(3\,150)$/dB/100 m
10	7.2	80	2.09
30	7.2	75	2.23
60	8.9	73	2.11
90	10.0	67	2.19
120	10.6	63	2.27
150	10.6	62	2.31
180	10.6	61	2.34
210	10.6	59	2.43
240	11.1	55	2.57
270	11.7	53	2.59
300	11.7	51	2.70
330	11.1	51	2.79
360	11.1	50	2.84
390	11.1	47	3.04
420	11.1	46	3.10

在这个例子中,整个声传播路径上的大气声衰减系数 $\alpha(3\,150)$ 的变化大于 0.5 dB/100 m 的限制,需要使用分层计算的方法。采用等高度的分层,每层高 30 m,从地面一直到飞行高度以上。每层顶部和底部声衰减系数的平均值作为该层的大气声衰减系数。

由于假设声音在飞机与传声器之间是直线传播的,通过每层的传播距离与各层的垂直距离之比为常数,所以通过飞机的高度就可以确定平均大气声衰减系数。如果假设在 PNLTM 时刻飞机的高度为 411 m,则各分层的有效层高、平均大气声衰减系数以及按层高所占比例分摊的声衰减系数的计算如表 9 - 8 所示。

表 9 - 8　各参数计算结果

分层 /(m)	有效层高 /(m)	所占比例 /%	平均声衰减系数 /$\alpha(3\,150)$,dB/100 m	按比例分摊的声衰减系数 /$\alpha(3\,150)$,dB/100 m
0~30	28.8	7.03	2.16	0.151 8
30~60	30.0	7.32	2.17	0.158 9
60~90	30.0	7.32	2.15	0.157 4
90~120	30.0	7.32	2.23	0.163 3
120~150	30.0	7.32	2.29	0.167 6

（续表）

分层 /(m)	有效层高 /(m)	所占比例 /%	平均声衰减系数 /α(3150),dB/100 m	按比例分摊的声衰减系数 /α(3150),dB/100 m
150～180	30.0	7.32	2.32	0.1698
180～210	30.0	7.32	2.39	0.1750
210～240	30.0	7.32	2.50	0.1830
240～270	30.0	7.32	2.58	0.1889
270～300	30.0	7.32	2.65	0.1940
300～330	30.0	7.32	2.74	0.2006
330～360	30.0	7.32	2.82	0.2064
360～390	30.0	7.32	2.94	0.2152
390～411	21.0	5.12	3.06	0.1568
累积声衰减系数 α(3150),dB/100 m				2.49

　　重复以上计算，就可以得到其他三分之一倍频程上的累积大气声衰减系数。

9.5　噪声数据的修正

　　通常噪声合格审定试验都是在非基准条件进行的。在这些试验中，飞机可能处于不同的高度（在传声器上方的高度）或相对原定航迹有横向偏差。发动机的推力（功率）、大气条件和飞机的总重也很可能与基准条件不同。因此，所测量的噪声数据必须修正至基准条件，以确定是否符合噪声限制要求。需要强调的是，所有修正程序和分析方法都应通过局方的评估和批准。任何更改，包括软件修订、固件升级或所使用仪器的变更，都必须通过局方的审核方能用于噪声审定。噪声数据的修正主要针对以下差异进行：

　　（1）受平方反比律及大气衰减的影响，造成的沿传播路径上的噪声衰减的差异。

　　（2）受飞机相对于测量点的距离和速度的影响，造成的噪声持续时间的差异。

　　（3）受发动机工作的试验条件和基准条件不同影响，造成的发动机发出的源噪声的差异。

　　（4）受试验时的空速与基准空速不同的影响，造成的飞机/发动机的源噪声的差异。

　　噪声数据的修正分为简化方法和完整方法两种。简化的修正方法是将横侧、飞越及进场噪声试验 $PNLTM$ 时刻的 $EPNL$ 值修正至基准条件下。而完整的修正方法则是将每 0.5 s 的噪声频谱修正至基准条件下，再进行 $EPNL$ 的计算。在确定与试验时声发射时间相对应的基准声发射时间时，声发射角要保持恒定。在使用简化方法时，如果飞越噪声的修正量大于 8 dB，或进场噪声的修正量大于 4 dB，或这使用简化方法得到的飞越或进场噪声的最终 $EPNL$ 值，与 36 部规定的噪声限制值相差不到 1 dB，就必须要使用完整方法进行修正。但对于横侧噪声的修正，36 部没有要求必须使用完整方法。

9.5.1 简化的修正方法

简化的修正方法是针对 $PNLTM$ 时刻试验条件与基准条件之间的差异,而对由实测数据计算出的 $EPNL$ 进行修正。图 9-9 和 9-10 分别是飞越和进场以及横侧噪声测量的飞行剖面。图中,XY 为实测航迹,X_rY_r 为基准航迹;K 为实际噪声测量点,K_r 为基准噪声测量点;Q 代表在 K 点测量到的噪声为 $PNLTM$ 时,飞机在实测航迹上的位置,Q_r 是假设 QK 和 Q_rK_r 与各自的航迹成相同的 θ 角而确定的在基准航迹上相应的位置;QK 和 Q_rK_r 分别是实测和基准的噪声传播途径。而对于横侧噪声测量,相应的噪声传播途径与地面夹角 ϕ 和 ϕ_r 之间的差值最小。

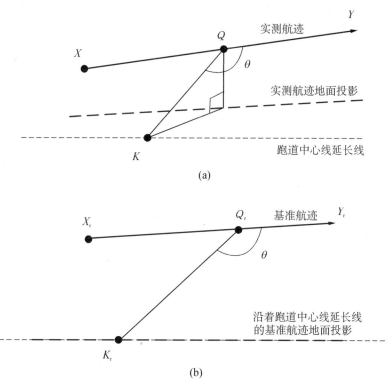

图 9-9 飞越和进场噪声测量飞行剖面特性

(a) 实测航迹 (b) 基准航迹

根据图 9-9 和 9-10 的几何关系,将在 $PNLTM$ 时刻 K 点测量到的 PNL 的三分之一倍频程声压级 $SPL(i)$ 修正到基准条件下的三分之一倍频程声压级 $SPL(i)_r$,公式如下:

使用英制单位时,为

$$SPL(i)_r = SPL(i) + 0.001[\alpha(i) - \alpha(i)_0]QK + 0.001\alpha(i)_0$$
$$(QK - Q_rK_r) + 20\log(QK/Q_rK_r)$$

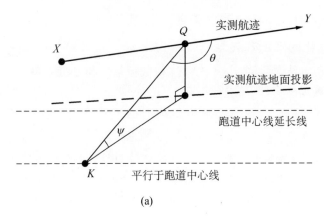

图 9-10 横侧噪声测量飞行剖面特性

(a) 实测航迹 (b) 基准航迹

在此表达式中，

(1) $0.001[\alpha(i)-\alpha(i)_0]QK$ 是对大气声衰减系数变化所作的修正，$\alpha(i)$ 和 $\alpha(i)_0$ 分别是试验和基准大气条件下的声衰减系数；

(2) $0.001\alpha(i)_0(QK-Q_rK_r)$ 是对传声路径长度变化对声衰减的影响所做的修正；

(3) $20\log(QK/Q_rK_r)$ 是根据平方反比律，对传声路径长度变化影响的修正；

(4) QK 和 Q_rK_r 以 ft 为单位，$\alpha(i)$ 和 $\alpha(i)_0$ 以 dB/1000 ft 为单位。

使用公制单位时，为：

$$SPL(i)_r = SPL(i) + 0.01[\alpha(i)-\alpha(i)_0]QK + 0.01\alpha(i)_0$$
$$(QK-Q_rK_r) + 20\log(QK/Q_rK_r)$$

式中：QK 和 Q_rK_r 以 m 为单位，$\alpha(i)$ 和 $\alpha(i)_0$ 以 dB/100 m 为单位。

接下来，就用修正后的 $SPL(i)_r$ 计算出 $PNLT_r$，经过频带共用调整，得到

$PNLTM_r$。然后,按下式计算修正项 Δ_1:

$$\Delta_1 = PNLTM_r - PNLTM$$

对持续时间的修正是考虑实测航迹与基准航迹的高度差和飞机试验空速与基准空速之差对持续时间的影响。修正项 Δ_2 按下式计算:

$$\Delta_2 = -7.5 \log(QK/Q_rK_r) + 10 \log(V/V_r)$$

式中的因子 -7.5 和 10 是经验值,分别考虑了因距离和速度的不同而造成噪声持续时间的改变对 $EPNL$ 的影响。

而对于源噪声的修正则是考虑试验中测得的影响发动机噪声的各个参数与其在基准条件下计算或规定的参数之间的差异。修正项 Δ_3 由制造商提供的数据来确定。图 9 - 11 是用于该修正的典型数据,是一条 $EPNL$ 与发动机控制参数 μ 的关系曲线。其中 $EPNL$ 数据已经修正到所有其他相关的基准条件。

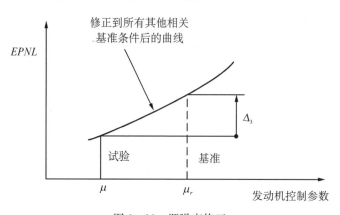

图 9 - 11　源噪声修正

最后将所得到的所有修正项 Δ_1,Δ_2 和 Δ_3 按代数和加到由实测数据计算出的 $EPNL$ 上,即得到修正后的基准条件下的 $EPNL_r$ 值。即

$$EPNL_r = EPNL + \Delta_1 + \Delta_2 + \Delta_3$$

对于横侧噪声,还要按以下步骤进行对称性修正:

(1) 如果对称测量点是主横侧噪声测量线上最大噪声级点的对称点,则审定噪声级为在这两点上测得的噪声级的算术平均值[见图 9 - 12(a)]。

(2) 如果不是,则假设噪声随飞机高度的变化在两边都是一样的,也就是说两边的噪声与高度关系曲线之差是恒定的[见图 9 - 12(b)]。审定噪声级是这两曲线平均值的最大值。

9.5.2　完整的修正方法

所谓完整的修正方法,就是将每 $0.5\,\mathrm{s}$ 间隔获得的声压级数据修正至基准条件下,得到等价的基准平均声压级噪声频谱,并重新计算基准条件下 $PNLT$ 的时间历

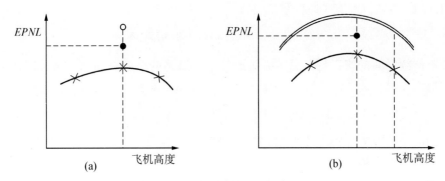

图 9-12　横侧噪声的对称性修正

程,再进行 $EPNL$ 的计算。这就意味着需要重新计算在基准噪声测量点上"得到"的基准条件下瞬时声压级的时间历程,再用新的时间历程直接计算基准条件下的 $EPNL$。

图 9-13 和 9-14 分别给出了用完整的修正方法时,飞越和横侧的实测航迹与基准航迹的对应关系。点 Q_0, Q_1, Q_n 分别代表在 t_0, t_1 和 t_n 时刻飞机在实测航迹上的位置。Q_1 点是 t_1 时刻在噪声测量点 K 观测到三分之一倍频程声压级为 $SPL(i)_1$ 的噪声发射点。相应地,Q_{r1} 点代表 t_{r1} 时刻在基准测量点 K_r 观测到基准航迹上声压级为 $SPL(i)_{r1}$ 的噪声发射点。$Q_1 K$ 和 $Q_{r1} K_r$ 分别是实测的和基准的传声路径,与其各自的航迹成 θ_1 角。同样地,Q_{r0} 和 Q_{rn} 是对应于实测航迹上的 Q_0 和 Q_n 在基准航迹上的点。Q_0 和 Q_n 的选择使得 Q_{r0} 和 Q_{rn} 之间所有在峰值 10 dB 之内的 $PNLT_r$ 值都包括进去。对于横侧噪声航迹,还有使得 ψ_1 和 ψ_{r1} 之间的差异最小。

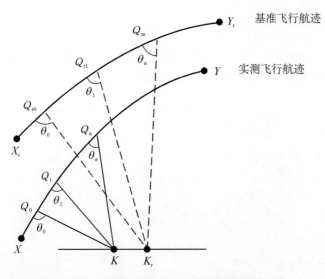

图 9-13　实测飞越航迹与基准飞越航迹的对应

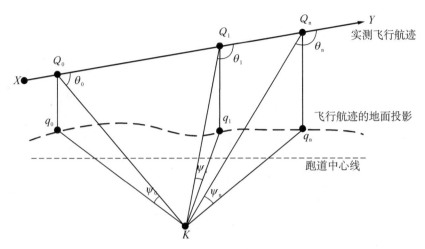

图 9 - 14(a)　实测横侧航迹

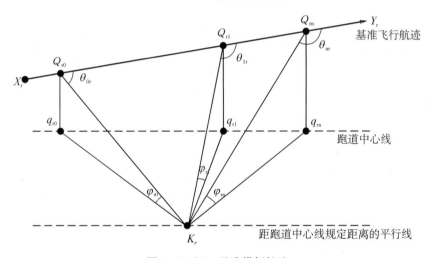

图 9 - 14(b)　基准横侧航迹

注：下标"r"代表是基准条件下的量。

这里要注意的是图中的时刻 t_{r1} 要比 t_1 晚（因为 $Q_{r1}K_r > Q_1K$），二者相差两个时间量：

(1) 飞机以基准速度 V_r 飞过距离 $Q_{r1}Q_{r0}$ 所需的时间减去以速度 V 飞过距离 Q_1Q_0 所需的时间。

(2) 声音传播经过 $Q_{r1}K_r$—Q_1K 距离所需的时间。

根据试验条件与基准条件下传声路径长度和大气条件的差异，用与简化方法中相同的方法将实测的 $SPL(i)_1$ 的值修正到基准值 $SPL(i)_{r1}$，并相应地计算出 PNL_{r1} 的值。用相同的步骤计算出在 t_0 到 t_n 的时间区间上所有 PNL_r 的值。然后，按照9.4.1节进行纯音修正和持续时间修正，得到 $EPNL_r$。源噪声的修正与简化方法相同。

9.6　其他类型航空器噪声数据的修正

与运输类大飞机和喷气式飞机相比,其他类型航空器噪声数据的修正大为简单。按照附件 H 表明噪声符合性的直升机,其起飞、飞越和进场的噪声数据对于大气条件和航迹的修正完全可以参照运输类大飞机和喷气式飞机的噪声数据修正的简化程序,而对于源噪声的修正,也需要根据制造商提供的数据来确定。

而对于螺旋桨小飞机来说,采用 dB(A)作为噪声评定量,仅需要将测量噪声级针对航空器飞过噪声测量点上方的高度进行大气条件和传声路径的修正,再加上桨尖马赫数和发动机的功率修正,就可得到审定噪声级。

对于按照附件 J 表明符合性的直升机,其采用声暴露级(SEL)作为噪声评定量,比 EPNL 简单得多,而且只需要针对非基准高度和修正基准空速进行修正就可以,无需进行源噪声、地速和大气声衰减的修正。

第 10 章 衍生型航空器的噪声合格审定

对于已经经过型号合格审定的航空器型号,根据客户和市场的需求,往往会进行设计更改,这就是我们通常所说的衍生型号。而航空器型号通常也都是基于系列化进行设计的,例如,BOEING 737 NG 系列,AIRBUS A320 系列等。这些设计更改有可能导致航空器噪声级的改变。本章将对衍生型航空器的噪声合格审定作简要的介绍。

10.1 非声学更改

声学更改,在 CCAR-21 部第 21.93 条第(二)款中被定义为可能增加航空器噪声级的型号设计更改。那么,没有导致声学更改的型号设计更改就被称为非声学更改(No Acoustical Change,NAC)。

如果航空器的型号设计更改所导致航空器的噪声级变化非常小,没有声学上的意义,则属于非声学更改。不会导致航空器审定噪声级变化的非声学更改被定义为:

(1) 在任一噪声测量点,经审定局方批准的飞机审定噪声级的变化不超过 0.1 EPNdB。

(2) 在任一噪声测量点,经审定局方批准的飞机审定噪声级的累积变化总和大于 0.1 EPNdB,但不超过 0.3 EPNdB,并且申请人具有经批准的跟踪噪声累积变化的程序。

(3) 对于按照附件 H 进行合格审定的直升机,经审定局方批准的审定噪声级中任何一个的变化不超过 0.3 EPNdB。

(4) 对于按照附件 J 进行合格审定的直升机,经审定局方批准的审定噪声级的变化不超过 0.3 dB(A)。

当型号设计更改导致噪声水平下降的时候,申请人可选择不必证明符合 36 部的所有条款,而只向审定局方提供证明 NAC 的数据及相关信息。然而,后续的型号设计更改则有可能因为考虑累积的声学影响而要求符合 36 部的全部条款。例如:申请人提出的一个构型更改可以使在飞越噪声测量点测得的噪声降低约 2.1 dB,在横侧噪声测量点测得的噪声降低 1.1 dB,在进场噪声测量点测得的噪声无变化。审定局方核实噪声水平的降低,并且申请人接受构型改变前 AFM 中的审定噪声级用于此次型号设计更改。但对于该申请人的另外一个增加飞越噪声级和横侧噪声级的型号设计更改,在没有证实其对 AFM 中经审定的噪声级累积影响的情况下,不能认为是 NAC。多个型号设计更改必须在累积的基础上(作为一个组合的单个构型)对每个噪声测量点进行评估,来确定其是否构成声学更改。

对于上面第(2)条中提到的跟踪噪声累积变化的程序,在噪声合格审定中是基于以下标准进行批准的:

(1)该程序的所有权归噪声合格审定数据库的申请人,并且跟踪的过程是基于航空器/发动机型号的。

(2)当飞机审定噪声级累积变化超过 0.3 dB 时,就必须符合 36 部的要求。航空器审定噪声级不能基于 NAC 噪声增量的总和。

(3)噪声级的下降不应该包含在跟踪过程中,除非型号设计更改是对所有在役航空器进行的改进,并且被包括在新近生产的航空器上。

(4)航空器/发动机设计更改导致的噪声级增加,应该包括在跟踪过程中,无论对在役航空器改进的范围如何。

(5)航空器/发动机型号的跟踪,除了发动机的设计更改以外,还应该包括机身和性能的更改。

(6)跟踪的噪声增量应该基于最敏感的噪声条件确定,并且应该能够用于航空器/发动机型号的所有构型。

(7)如果跟踪的设计更改增量不再适用,则应修订这个跟踪。

(8)变化值应该保留两位小数(例如 0.01 dB),在判断 NAC 时不应该四舍五入。(例如,0.29 dB＝NAC; 0.30 dB＝NAC;0.31 dB＝声学更改)。

(9)申请人应该持有在机身/发动机型号跟踪过程中批准的所有 NAC 的正式文件。跟踪的清单将在每个噪声合格审定验证档案中被复制更新。

改装的直升机的噪声合格审定应该按照以下标准给予批准:

(1)应该只有在"飞行基准"直升机进行飞行试验获得审定噪声级时,才能进行衍生型号的 NAC 批准。

(2)被指定为 NAC 的直升机的噪声级不能用于任何后续设计更改的"飞行基准"。

(3)对于超过 0.3 dB 的更改,可以通过试验,或者经审定局方批准,通过分析的方法,达到规章的要求。如果使用分析方法,其审定噪声级不能用于任何后续设计更改的"飞行基准"。

图 10-1 的流程图给出了处理改装直升机的标准。

对于直升机的噪声合格审定,ICAO 附件 16 第Ⅰ卷的第 8 章(8.1.5)和第 11 章(11.1.5)要求:"对于能够携带外部负载或外部设备的直升机,其噪声合格审定应在没有装配这些负载或设备的情况下进行"。因此,无需确定由于安装或拆除外部设备的改装而引起的噪声级变化。这里的"外部设备"是指附设在直升机外部的任何

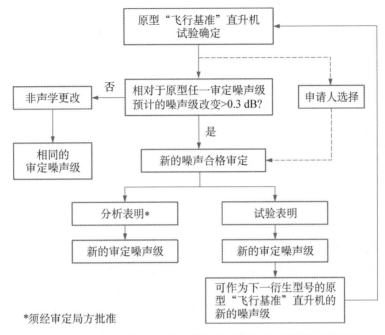

*须经审定局方批准

图 10-1　经噪声合格审定的直升机的改装为"非声学更改"的标准

仪器、机械装置、零件、附属物或必要的配件,直升机飞行的操作或控制不使用也不打算使用,也不属于机身或发动机的一部分。

从这方面来讲,以下情况被认为是非声学更改:

(1) 外部设备的添加或拆除。

(2) 为适应设备的添加或拆除、提供外载固定方式、方便外部设备或外载的使用、或者便于直升机在携带外部设备或外载时的操作而对机身的更改。

(3) 给直升机加装或拆除浮筒和滑橇。

(4) 开着一个或多个门和/或窗飞行。

(5) 因为添加或拆除外部设备、浮筒、滑橇,或开着门和/或窗飞行,而对直升机的运行限制所做的任何更改。

10.2　衍生型航空器噪声合格审定方法

对于原型机的噪声合格审定是通过建立 N-P-D 数据库获得基准条件下的审定噪声级的,衍生型号可以在根据该 N-P-D 数据库或者对该 N-P-D 数据库进行推演来分析确定噪声级。而对于更换动力装置的设计更改,则可以根据原型机的飞行试验结果和发动机静态试验的数据来表明飞机对噪声审定要求的符合性。

10.2.1　分析方法

对于型号设计更改导致的噪声级变化是可预见的申请,噪声合格审定的批准包括以下几个方面:

1) 最初审定的起飞或着陆重量的改变

可以导致起飞时飞机和传声器之间距离的改变,以及进场功率的改变。在这种情况下,可以用 N-P-D 数据库来确定衍生型号的审定噪声级。

2) 发动机功率的改变引起的噪声变化

必须注意确保在 N-P-D 图外推时,与噪声源相关的成分对有效感觉噪声级(EPNL)的贡献本质上保持不变,只是噪声-功率和噪声-距离曲线简单地外推。在 NPD 外推时应该考虑的项目有:

(1) 扩展功率的 90% 置信区间。

(2) 飞机/发动机源噪声的特性。

(3) 发动机循环的改变。

(4) 外推数据的品质。

3) 飞机发动机、短舱构型和声学处理的改变

导致的 EPNL 变化通常小于 1 dB。但是,必须确保飞机、发动机或短舱的更改没有引进新的噪声源。经审定部门批准的有效的分析噪声模型可以应用于噪声增量的预测。分析包括飞机每个噪声源成分的建模和以与本章 10.4 节相似的方式将噪声源映射到飞行条件。飞机每个噪声部件具有的详细频谱和方向特性的模型,都可以通过理论及经验分析建立。每个部件应该与噪声源机制的物理性质相关的参数相互关联。噪声源机制和相关联的参数应该可以通过其他的补充试验来识别,如发动机或部件试验。如 10.4 节中所述,在飞行条件下,一个 *EPNL* 的代表值应该通过对飞机噪声源进行前进速度效应、发动机数量修正,屏蔽、重建整个噪声谱,并考虑传播效应将整个的噪声谱映射到飞行条件上计算出来。改变声学处理的影响,如短舱加内衬层,也可以建模并使用合适的噪声源。总噪声增量的计算,新版本的 N-P-D 数据库的制定以及变更审定噪声级的评估,应该按 10.4 节的程序进行。

4) 机身设计的变更

比如机身长度、襟翼构型和发动机安装的变化,这些都因其对飞机性能(如增加阻力)的影响而直接影响噪声级。由气动分析或试验得出的飞机性能特性的改变已经表明了这些变化是如何影响飞机航迹,从而影响飞机的审定噪声级。

在这些情况下必须确保机身的改变不会导致有重大影响的新噪声源,也不会改变现有噪声源的发声或辐射特性。如果出现此类情况,影响的大小可能需要通过试验来确定。

10.2.2 改变动力装置的噪声合格审定

在 20 世纪 80 年代,为了简化航空器的噪声审定程序,FAA 率先批准了波音公司建议的动力装置设计更改的航空器噪声合格审定方法,该方法主要用在小改后的航空器噪声审定程序中(比如发动机性能改进)。随后,EASA 在 90 年代早期也批准了类似的审定方法。该方法的一般程序如图 10-2 所示。

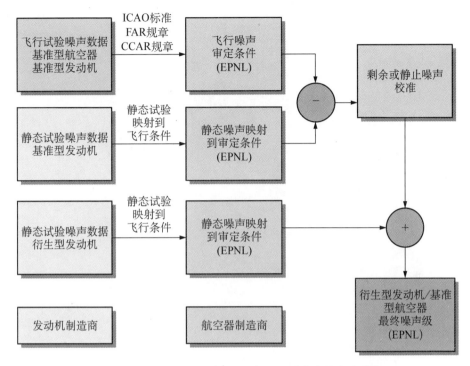

图 10 - 2　动力装置设计更改的航空器噪声合格审定程序

　　这个方法的使用限制是:在相同的推力和距离下,对于任何一个基准审定条件,飞行基准飞机和衍生型号之间的噪声级改变最大为 3EPNdB;对于三个基准条件,噪声级改变的数值(忽略符号)之和不大于 5EPNdB。如果差异大于这个限制,则应该在预计噪声级会改变的条件下进行附加的飞行试验,以建立一个新的 N - P - D 数据库。但是如果使用的每个预测程序,对于所有类型的噪声源,即试验飞机的纯音、非喷气宽带噪声和喷气噪声,都经过了飞行试验验证,并且用于预测程序验证的飞机和试验飞机之间在安装效应上没有重大的改变,那么程序的应用不受以上所述的限制。

10.3　静态发动机噪声试验

　　SAE ARP 1846"燃气涡轮发动机静态运行远场噪声测量"给出了静态发动机噪声试验的一般程序和要求。图 10 - 3 是静态发动机噪声试验的现场。需要注意的是,36 部中对噪声飞行试验的限制条件不是一定适用于发动机静态试验。比如,静态试验的测量距离实际上是小于飞行试验的,并且试验可能在 36 部不允许进行飞行试验的大气条件下进行。此外,因为发动机静态噪声是一个稳定的声压级,而不是试验飞行过程中的瞬时声压级,所以静态噪声试验的测量和分析技术可能有所不同。在计划进行发动机静态噪声试验时,应仔细考虑以下几个重要方面:

图 10 - 3　静态发动机噪声试验

（1）试验场特征。

（2）数据采集和预处理系统。

（3）传声器的位置和安装。

（4）声学校准和测量程序。

（5）试验环境条件。

（6）数据处理和修正。

10.3.1　试验场地要求

试验场地对发动机噪声产生过程的影响，以及对声音从发动机传播到传声器的影响（除地面效应外），应该是可以忽略的。因此，试验场应位于开阔地带，地势平坦，并且没有影响远场声压测量的建筑物及其他障碍物。周围环境噪声的三分之一倍频程声压级应远远低于发动机噪声的三分之一倍频程声压级，以使发动机噪声的测量不会受到非发动机声源的显著影响。

对于试验发动机的构型可能有多个试验场可以选择，只要在不同场地获得的声学测量值能够被修正到一个共同的基准条件下。

发动机的支撑结构应该对声音特征的干扰最小，也就是说支撑结构不应阻碍声音的传播。在噪声辐射区附近也不应有任何的声反射面。如果结构表面会严重影响发动机噪声的辐射模式，则该表面应使用在测量频率范围内具有吸声特性的材料覆盖。此外，结构也不应引起发动机进口气流的畸变，或者受到发动机排气的冲击而影响声音的传播。

试验发动机应被支撑在其中心线高于地面至少是风扇或者压气机叶片最大直径 1.5 倍的地方。如果发动机的中心线距离地面不到最大直径的 1.5 倍，则必须进行评估以确定测量的声压级是否受到进口气流畸变或者排气冲击到地面的影响。

10.3.2　试验的环境条件

进行试验的环境应当满足以下条件：

（1）进行试验的气象条件应在噪声测量系统生产厂家规定的限制范围内。

（2）采集噪声数据期间不应有降水。

（3）用于分析的噪声数据采集期间，风速不应超过表 10-1 规定的限制值。

表 10-1　风速限制

风　　速	限　制　值
平均风速	22.2 km/h(12.0 kn)
平均侧风风速	10 km/h(5.4 kn)
最大风速	27.8 km/h(15.0 kn)
最大侧风风速	18.5 km/h(10.0 kn)

注：10 km/h(5.4 节)的平均侧风风速比 36 部附件 A 规定的要严格。

（4）噪声测量仪器没有凝结物。

（5）声学试验场内没有影响声学特性的覆盖物（如：雪）。

（6）环境噪声在测试频率范围内的每个三分之一倍频程上都低于发动机噪声级 10 dB 以上。

10.3.3　发动机钟形进气道

在静态发动机噪声试验过程中，可以在发动机进气道前段安装喇叭口，用来在静态测试时模拟飞行条件下的进气气流。试验期间应安装产品构型的进气道声衬和风扇整流锥，还应确定进气平面和排气平面相对于传声器阵列中心的位置。

10.3.4　进口流场控制装置(ICD)

对于风扇噪声占重要地位的高涵道比发动机（涵道比＞2.0），进行静态发动机噪声试验时，应使用经批准的 ICD，如图 3-16 和图 10-3 所示。这种装置的直径应是风扇直径的 3 倍以上，并满足以下要求：

（1）ICD 不得有任何影响其声学性能的损坏和污染。

（2）ICD 必须用经批准的方法进行声学校准，以确定其每个三分之一倍频程上对声传播的影响。

（3）必须对静态发动机试验过程中得到的数据进行修正，以考虑 ICD 对声传播的影响。在测量数据的每一个三分之一倍频程上都要进行这样的修正。

（4）必须确定 ICD 相对于发动机进气道唇口的位置，校准必须针对这个位置进行。

（5）只要任何序列号的 ICD 硬件没有设计偏离，则一个 ICD 硬件设计只需要一次校准。

如果两个发动机试验都使用同一个 ICD(相同序列号),并且两台发动机的风扇纯音在相同的三分之一倍频程内,则对于两台发动机试验数据的比较不必应用 ICD 校准修正。

10.3.5　ICD 的校准

一个可接受的 ICD 校准方法如下:

(1) 在发动机进气道唇口平面内,将一个或多个发声器放置在发动机中心线上。将校准传声器定位在半径 15 m(50 ft)至 45 m(150 ft)之间的前方 90°范围内,这个区域具有较好的信噪比,并且每个传声器所在的角度都会用来分析静态发动机噪声数据。将基准近场传声器定位在发声器声学中心线上,距离声学中心不超过 0.6 m(2 ft)。

(2) 在没有 ICD 的情况下用粉红噪声激励发声器,在系统稳定后记录至少 60 s 噪声。整个过程中发声器的输入电压必须保持恒定。

(3) 在安装 ICD 和没安装 ICD 的情况下,交替重复步骤(2)。每种构型(安装和没安装 ICD)至少进行 3 次试验。每种构型的 3 次试验中,55°传声器的即时总声压级(OASPL)信号(1 min 平均)总偏差不超过 0.5 dB 才是可接受的。

注:如果表明 ICD 的位置不影响校准结果,则可以取消 ICD 的交替拆装。

(4) 所有的测量数据都要对与近场传声器测量结果的差异和外侧传声器和发声器之间 25℃ 和 70% 相对湿度条件下的大气声吸收进行修正。

(5) 每个传声器的每个三分之一倍频程校准值是未安装 ICD 时修正的三分之一倍频程平均值和安装 ICD 时三分之一倍频程平均值的差值。

(6) 试验时风和温度条件应不会对外侧传声器产生声影,且不能由天气原因引入测量声压级数据的偏差(参考图 10 - 6 和 10.3.9.1 节)。

在某些情况下,相邻三分之一倍频程之间的校准值和位置相近的传声器之间的校准值可能会有较大波动。这些波动可能与校准程序引起的反射效应有关,必须格外谨慎,确保不会引入或抑制发动机纯音。这可以通过比较用以下值计算的 *EPNL* 做到:

(1) 测量的 ICD 校准值。

(2) 校准曲线的均值。

(3) 校准值设为零。

出于噪声合格审定目的而使用的校准,其评估波动影响的程序要提交审定当局批准。

10.3.6　测量和分析系统

测量和分析系统包括噪声测量系统、气象测量系统和发动机性能测量系统,可以提供可靠的和可重复的声压信号、气象条件和发动机性能的测量值。

1) 噪声测量和分析系统

噪声测量和分析系统由在静态运行中获得发动机远场噪声三分之一倍频程声压级(时间平均)的组件组成,包括:校准器、传声器、信号调节、传输及记录/重放设备和三分之一倍频程频谱分析仪。所有组件的特性可以使用 36 部第 A36.3 条有关噪声测量的规范。所有噪声测量的仪器和方法都要经过审定当局批准。需要注意的是发动机静态试验的测量距离实际上小于噪声合格审定飞行试验的测量距离,并且允许的试验大气条件可能是按 36 部进行飞行试验所不允许的。此外,因为静态发动机噪声是稳定的声压级,而不是飞越的瞬时噪声级,测量和分析的技术可能会有所不同。

　　如果发动机静态噪声数据的采集或分析使用了不止一套采集及分析系统,就必须要考虑系统的兼容性。数据采集系统的兼容可通过适当的校准实现。数据分析系统的兼容可通过在不同系统上分析同一个采样数据来校核。可以使用能够代表涡扇发动机的谱形和纯音成分的伪随机信号代替真实的发动机噪声测量值来确定分析系统的兼容性。

　　2) 气象测量系统

　　气象测量系统由测量风速、风向、大气温度、相对湿度和气压的组件组成。目的是监测气象条件,确保静态噪声试验在规定的气象限制内进行,并且为声学数据标准化至基准气象条件提供所需的信息。测量仪器的精度要求如表 10 - 2 所示。

表 10 - 2　气象测量仪器的精度要求

参　　数	精　　度
风速	$\pm 2.0\,\mathrm{km/h}(\pm 1.1\,\mathrm{kn}),>1\,\mathrm{km/h}(0.5\,\mathrm{kn})$
风向	$\pm 5°$
大气温度	$\pm 0.5℃$
相对湿度	$\pm 3\%$
气压	$\pm 0.5\,\mathrm{kPa}$

　　3) 发动机性能测量系统

　　发动机性能测量系统用来测量主要的发动机功率设定参数(比如:风扇转速、发动机压比或者推力),目的是在声压信号的记录和分析时,确保发动机在预期的工作条件下稳定运行。该系统测量功率设定参数应与 1% 的转速测量精度一致。

　　安装在流道内的仪器可以形成噪声源,可能会在测量的远场噪声声压级中产生干扰信号。因此,用来分析噪声数据的其他发动机参数(比如:气流、风扇压比以及其他的压力和温度)可能需要根据主要的发动机功率设定参数与从噪声试验发动机其他性能试验、其他相同构型的发动机或者厂商定义的该构型发动机标准性能中得到的其他参数的关系来确定。只有特定发动机型号的必要传感器可以安装在流道内。

　　对于合格审定试验,放气和静子叶片调整的控制规律应符合材料清单的控制规律。这些控制规律仅在测量作为这些控制规律函数的噪声时,才可以改变。

10.3.7　传声器的位置

　　传声器的位置要距离发动机足够远,使得将测量的声压级外推到更远距离时可以无需考虑单独声源的分布细节。另外,还要以适当的角度间隔布置传声器,以确定声场的方向特性。因此,传声器应布置在距离发动机大约 15 倍于风扇或压气机叶片直径(较大者)的位置上。静态发动机试验场典型的径向距离是大型发动机 45 m(约 150 ft),小型发动机 30 m(约 100 ft)。

　　传声器位置的角度应相对于沿发动机中心线的站位确定,如风扇进口平面、风扇平面、风扇出口或主喷口平面。在测量的角度范围内,典型的是 10°(前)到 160°(后),传声器角度间隔不应超过 10°。在预期涡轮机械噪声级最大的角度范围内,传声器间隔应小于 10°(如 5°),以确定噪声源的方向特性。如图 10 - 4 所示。

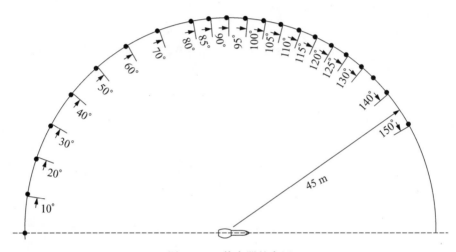

图 10 - 4　传声器的布置

图 10 - 5　地面传声器的安装

通常,传声器的安装有两种:一种是"压力场"传声器,尽可能贴近地面安装(见图 10 - 5),使得入射和反射声波在测量频率范围内基本是同相位的;另一种用支架安装在发动机中心线高度上。可以使用切线入射的"压力场"传声器,也可以使用法向入射的"自由场"传声器。支架安装传声器的指向应使得发动机噪声以适合于传声器类型和基准方向的入射角直接从噪声源入射。如果传声器高度的风速超过 11 km/h(6 kn),测量时应使用防风罩。

10.3.8　声影

使用地面传声器时,需要特别注意确保测量值不受声影(折射)的影响。当试验场内有与发动机噪声传播方向相反的风,或逆温梯度存在时,其对声音产生的折射对地面安装传声器测量值的影响远远大于较高安装传声器的测量值。

以前的证据或者补充数据可以用来表明在特定试验场的测试能够得到一致性的测量结果,包括不存在声影区。也可用包括经批准的方法表明不存在影响地面传声器测量值的声影区的试验来代替这些证据。出于噪声合格审定的目的,这个方法应由审定局方批准。

通常用三个气象参数来确定"声影"的存在:

(1) 发动机中心线高度的平均风速(WCL)。

(2) 发动机中心线高度的大气温度(TCL)。

(3) 地面传声器膜片±5 mm 范围内的大气温度(TMIC)。

气象参数的测量应满足以下标准:

(1) 应在靠近噪声测量位置测量,并放置在与测量噪声方向成 90°的地方,不妨碍声学测量。

(2) 建议的风速限制是按其他标准建立的风速限制(如不使用风罩时传声器处最大风速)的补充。

(3) 能够提供排除了声影对地面传声器测量值影响的风速和温度状况,如图 10 - 6。

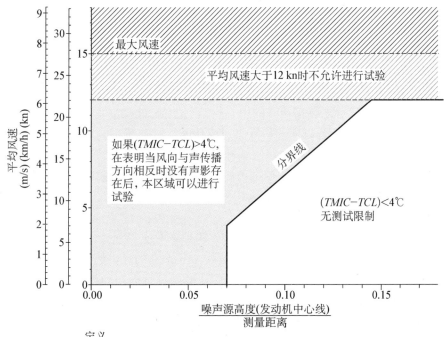

定义
TCL=发动机中心线高度的温度
TMIC=地面传声器膜片高度 ± 5 mm 范围内的温度

图 10 - 6　使用地面传声器的气象条件

图 10-6 定义了无声影区和可能在高频区域出现频谱畸变区域的分界线。只要试验时的条件满足在整个声学数据平均周期上记录的发动机中心线高度处的平均风速在分界线以下，并且阵风不超过 5.5 km/h(3 kn)，就可以进行试验。如果风速超过图中给出的 7 km/h 和 22 km/h(4 kn 和 12 kn)之间的线性关系，就可能需要在试验前或者在试验时表明，当风向与声音传播方向相反时，谱形没有异常。

当地面传声器高度的温度高于发动机中心线高度处的温度不超过 4℃时，可以忽略温度梯度形成的声影影响。

注：风速标准的理论分析和表达是用绝对速度，而不是矢量，可能使得某些方向上的限制过度严格。

10.3.9　发动机功率试验条件

静态发动机运行条件范围的选择要符合功率参数设置适当的发动机在飞行运行条件下预期的最大范围。为了保证能够建立映射的飞行中 $EPNL$ 的 90% 的置信区间，在试验中应该在预想范围内包括足够数量的稳定发动机功率设置。

10.3.10　声学校准和测量程序

进行静态噪声试验和后续数据分析的目的是获得有效的、可重现的声压级测量值。

10.3.10.1　频响校准

传声器系统自由场频响可以用静电激励器结合厂家的数据确定，或者通过消声室试验确定。频响的修正值应在每一个试验系列开始的 90 d 内确定。传声器系统的不均匀频响的修正值应该用于修正分析仪输出的三分之一倍频程声压级。

试验过程中使用的整个测量系统的频响，不包括传声器，应该在从 50 Hz 到 10 kHz(含)每一个三分之一倍频程的中心频率上，用与试验过程中使用的级程上相应的校准声压级相差 5 dB 以内的粉红噪声或伪随机噪声确定。噪声发声器的输出应在试验系列开始前 6 个月内由国家级标准试验室可追溯的方法确定，并且在每一个三分之一倍频程上与前一次的校准值相差不超过 0.2 dB。频响的修正值应该用于修正分析仪输出的三分之一倍频程声压级。

在无风及正弦声波切向入射的情况下，规定类型的防风罩插入损失从 50 Hz 到 10 kHz(含)的每个三分之一倍频程中心频率上都不应超过 ±1.5 dB。防风罩从 50 Hz 到 10 kHz(含)的每个三分之一倍频程中心频率上的自由场插入损失应该用正弦声音信号以适当的入射角入射传声器确定。对于没有损坏和污染的防风罩，插入损失可以使用厂家提供的数据。另外，防风罩的插入损失应该在试验系列开始前 6 个月内由国家级标准试验室可追溯的方法确定，并且在每一个三分之一倍频程上与前一次的校准值相差不超过 0.4 dB。防风罩的自由场插入损失的修正值应该用于修正分析仪输出的三分之一倍频程声压级。

10.3.10.2　声学灵敏度校准

在每个试验周期前后，都应在每个数据通道上记录至少 30 s 声校准器发出的基准声压级校准信号。声学灵敏度校准过程中声校准器的输出信号与实际输出之差（由于环境影响、耦合腔等）的修正值应该用于修正分析仪输出的三分之一倍频程声压级。

10.3.10.3　稳定性校准

在每个试验系列前后，每个数据通道都应记录至少 30 s 粉红噪声，作为比较。

10.3.10.4　试验数据采集

（1）在起动发动机前 15 min 内，在每个声学数据通道上记录至少 30 s 的环境噪声。

（2）对于每个试验条件，在开始记录数据前，发动机状态要平稳，使得发动机功率设定的有关参数（如：风扇转速，发动机压比或推力）变化不超过相当于相关发动机轴转速变化的 1%。

（3）每个试验条件下记录远场声压信号至少 30 s。

（4）在测量声压信号期间，定时记录温度、相对湿度和大气压力。连续记录风速和风向，或者采样率每秒至少一次。

（5）对于每一个试验条件，连续记录发动机主要参数（如：低压轴转速）或者采样率每秒至少一次。在记录声压信号时，对其他相关发动机性能参数进行周期采样。

（6）每个试验周期结束后（在发动机停车 15 min 内），在每个声学数据通道上记录至少 30 s 环境噪声。但是，在某些情况下得不到试验后的环境测量值（如因为下雨）。

10.3.10.5　噪声数据的处理程序

对试验中采集的静态发动机噪声进行处理主要包括数据测量和分析系统频响特性的修正、环境噪声的处理以及将数据调整至基准试验条件下。

1）噪声数据的预处理

（1）分析粉红噪声或者正弦校准信号的记录，得出至少 15 s（对于正弦信号）或 30 s（对于粉红噪声）周期上平均的三分之一倍频程声压级。根据与包含基准声学校准频率的三分之一倍频程的声压级有关的分析结果确定系统的频响。

（2）分析单频基准声学灵敏度校准信号，得出包含校准频率的三分之一倍频程声压级上至少 15 s 周期的平均声压级。

（3）分析每组记录的远场声压信号和环境噪声信号，得出至少 20 s 周期上的平均三分之一倍频程声压级。

（4）用试验前后记录的声学灵敏度校准声压级的平均，确定基准幅值校准级。

2）噪声数据的修正

对时间平均的三分之一倍频程声压级进行适当的修正，考虑以下因素：

（1）声校准信号输出偏离标称的输出级（由于环境影响、耦合腔等）和基准幅值校准级偏离标称声校准输出级（或者试验前后声学灵敏度校准信号测量值的"漂移")。

（2）传声器和有关部件（包括防风罩，如果使用的话）频率响应的非均匀性。这些修正值基于试验开始之前的校准。

（3）噪声测量系统频响的非均匀性。这些修正值基于试验前后校准的平均。

（4）如果必要，环境噪声污染。确定环境噪声级（包括声学噪声和电噪声）是否明显污染了测量的发动机噪声信号。当发动机声压级没有超过环境噪声至少 10 dB 时，就有必要用分析程序去除环境噪声的影响。

应用这些修正值得到修正的试验日三分之一倍频程声压级。

3）调整至基准试验条件

对于噪声合格审定来说，必须要将经测量系统修正后的试验日数据调整至基准静态试验条件下，包括大气条件、声源至接收器的传播距离和发动机功率设定。在这种情况下，应对试验数据进行以下调整：

（1）试验日和基准日大气条件的差异：在整个测量距离上，将试验日和基准日大气吸声系数的差异应用于每个适用的三分之一倍频程声压级。

（2）试验和基准声源至接收器的传播距离的差异：试验日三分之一倍频程声压级球形扩散因子。该因子是 $20\log[D(\text{reference})/D(\text{test})]$，$D$ 为声源至传声器的距离。另外，在声传播距离上，将基准日的大气吸声系数用于适用的三分之一倍频程声压级。

（3）试验和基准发动机功率设定的差异：当要将具体试验日的数据调整至基准发动机功率设定条件时，就需要对在发动机功率设定范围内获得的噪声数据进行内插或外推。应确定与发动机功率设定（如修正至标准大气条件的风扇转速或推力）有关的噪声和噪声级之间的关系，以及基于与基准条件下的发动机功率参数有关的噪声内插或外推和基准条件下噪声级之间的关系。

（4）调整至自由场条件：参考文献[11]（SAE AIR1672B）给出了将测量数据调整至自由场条件的一般程序。

10.4　静态发动机噪声数据映射至飞行条件

要将静态发动机的噪声数据用于航空器噪声合格审定，必须把标准化后的每个角度位置的声压级映射至原型机开发 NPD 图时所使用的飞行条件。映射的程序包括：

（1）声源运动效应，包括多普勒效应。

（2）发动机的数量和屏蔽效应。

（3）安装效应。

（4）飞行的几何关系。

（5）大气中的传播，包括球面波发散和大气衰减。

（6）飞行传播效应，包括地面反射和侧向衰减。

　　为了考虑以上因素,测量的全部静态发动机噪声数据都应该进行分析,以确定单个噪声源的贡献。在将三分之一倍频程的频谱数据映射到飞行条件之后,计算 $EPNL$,并对 N‑P‑D 图进行修订。图 10‑7 将静态噪声数据映射至飞行条件的一般程序,给出了应该在计算程序中考虑的主要方面。图 10‑8 是一个映射过程的示例。

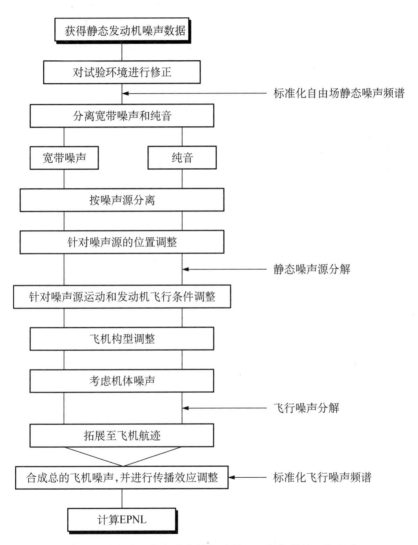

图 10‑7　发动机静态噪声数据映射至飞行条件的一般程序

　　有几种发动机的安装效应可以改变产生的噪声级,但是这种改变无法从静态发动机噪声试验中得出。原型机上没有出现的其他噪声源,如喷气/襟翼,喷气/风之间的交互作用,有可能会在衍生型中出现。远场噪声的方向性模式(声场形状)可以被机翼/短舱或者喷气屏蔽、平尾和机身散射或者反射效应改变。但是,目前还没有

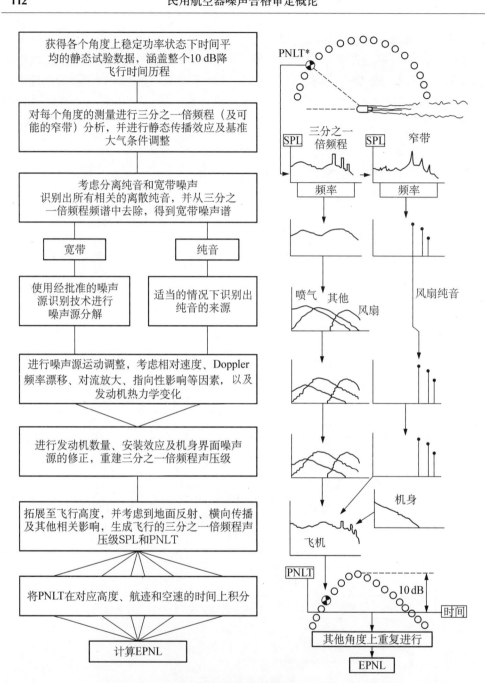

图 10-8 发动机静态噪声数据映射至飞行条件示例

修正这些效应的通用方法。因此,在批准后面的程序之前,表明因为发动机附近的机身和发动机的几何关系实质上与飞行数据飞机相同,因而辐射的噪声实际上未受影响,这一点很重要。

接下来的程序包括:经分析的静态试验数据调整至 36 部要求的基准大气自由

场条件(包括大气吸收修正、地面反射修正)、纯音和宽带噪声的分离、噪声源的分离、噪声源位置影响、发动机飞行条件、噪声源运动效应、飞机构型影响、总噪声谱的合成等。

在得到了总噪声谱之后,就可以计算 $EPNL$ 值了。在计算 $EPNL$ 时,时间与沿航迹外推的每个频谱都有关联(注:时间每个同发动机/飞机基准点和基准航迹上假设零风速时的飞机真空速有关的测量点相关联)。对于每一个发动机的功率设置和最小距离,可以使用 36 部中的方法,根据映射的时间历程计算 $EPNL$ 值。

也可以通过静态发动机噪声试验数据的映射来建立原构型发动机(即飞行数据飞机的发动机)和试验的构型更改的发动机的 N－P－D 图。在相同的最小距离上比较两种构型发动机的噪声与功率关系,就可以确定发动机源噪声的噪声级是否有变化。如果源噪声的噪声级有变化,则在 10.3.2 节规定的限制范围内,用比较两种构型发动机的 N－P－D 图得到的变化量来修订原始飞机型号的 N－P－D 图,建立新的衍生型飞机的 N－P－D 图,从而确定其审定噪声级。

参 考 文 献

［1］CCAR - 36 - R1 航空器型号和适航合格审定噪声规定［S］. 北京：中国民用航空局，2007.

［2］14 CFR part 36, Noise Standards: Aircraft Type and Airworthiness Certification ［S］. through Amendment 28. USA: FAA, Jan. 4, 2006.

［3］International Civil Aviation Organization（ICAO），Annex 16, Environmental Protection, Volume I, aircraft Noise ［S］. Sixth Edition. Canada: ICAO, 2011.

［4］AC - 36 - AA - 2008 - 04 航空器型号和适航合格审定噪声规定［S］. 北京：中国民用航空局，2008.

［5］FAA Advisory Circular AC 36 - 4C, Noise Standards: Aircraft Type and Airworthiness Certification ［S］. USA: FAA, July 15, 2003.

［6］ICAO Doc 9501, Environmental Technical Manual, Volume I, Procedures for the Noise Certification of Aircraft ［S］. First Edition. Canada: ICAO, 2010.

［7］Smith, Michael J T. Aircraft Noise ［M］. UK: Cambridge University Press, 1989.

［8］唐狄毅,李文兰,乔渭阳. 飞机噪声基础［M］. 西安：西北工业大学出版社,1995.

［9］Hassall J R, Zaveri K. 声噪声测量［M］. 北京：中国计量出版社,1986.

［10］SAE ARP1846A, Measurement of Far Field Noise from Gas Turbine Engines During Static Operation ［S］. March 2008.

［11］SAE AIR1672B, Practical Methods to Obtain Free Field Sound Pressure Levels from Acoustic Measurements over Ground Surfaces ［S］. June 1983.

索　引

结　束　语

　　航空器噪声合格审定源于公众对航空环保的要求,是航空器设计的重要目标之一。航空器噪声合格审定标准仅是对产品最终进入航线前噪声级的考核,并不规范航空器和发动机的降噪技术方法,可以说是结果性的验证。这就要求在航空器设计之初,便将噪声、排放和性能安全标准列于同等重要的地位,积极研发噪声抑制手段,为后期产品的初始适航审定奠定基础。

　　航空器噪声合格审定是航空器型号合格审定的重要组成部分,是航空器获得型号合格证的一个重要依据。虽然目前不同的噪声规章标准已经逐步相互协调,但由于规章实施的复杂性和对条款的不同解释,以及等效程序的使用,都使得噪声合格审定存在相当的难度。从航空器噪声合格审定的过程可以看出,表明航空器符合噪声适航标准的主要责任在申请人,申请人应当尽早与局方沟通,明确审定要求。局方的角色是评估和验证申请人提出的符合性试验方法、数据的分析和修正以及目击试验的实施,同时也应积极引导申请人顺利完成航空器的噪声合格审定。

大飞机出版工程
书　目

《民用飞机系统安全性设计与评估技术概论》

《民用航空器噪声合格审定概论》

《机载软件研制流程最佳实践》

《民用飞机金属结构耐久性与损伤容限设计》

《机载软件适航标准 DO－178B/C 研究》

《运输类飞机合格审定飞行试验指南》(编译)

《民用飞机复合材料结构适航验证概论》

《民用运输类飞机驾驶舱人为因素设计原则》

四期书目

《航空燃气涡轮发动机工作原理及性能》

《航空发动机结构》

《航空发动机结构强度设计》

《风扇压气机气动弹性力学》(英文版)

《燃气轮机涡轮内部复杂流动机理及设计技术》

《先进燃气轮机燃烧室设计研发》

《燃气涡轮发动机的传热和空气系统》

《航空发动机适航性设计技术导论》

《航空发动机控制》

《气动声学基础及其在航空推进系统中的应用》(英文版)

《叶轮机内部流动试验和测量技术》

《航空涡轮风扇发动机试验技术与方法》

《航空轴流风扇压气机气动设计》

《燃气涡轮发动机性能》(译著)

其他书目

《民用飞机环境监视系统》

《民用飞机飞行管理系统》

《飞机内部舒适性设计》(译著)

《航空航天导论》

《航空计算工程》

《涡动力学》(英文版)

《尾涡流控制》(英文版)

《动态工程系统的可靠性分析:快速分析方法和航空航天应用》(英文版)

《国际航空法导论》(译著)